Jamal Koubachi

Espectroscopia molecular Volume 1

Jamal Koubachi

Espectroscopia molecular
Volume 1

Espectroscopia de ultravioleta/visível (UV) e espetroscopia de infravermelhos (IV), Curso e exercícios corrigidos

ScienciaScripts

Imprint

Any brand names and product names mentioned in this book are subject to trademark, brand or patent protection and are trademarks or registered trademarks of their respective holders. The use of brand names, product names, common names, trade names, product descriptions etc. even without a particular marking in this work is in no way to be construed to mean that such names may be regarded as unrestricted in respect of trademark and brand protection legislation and could thus be used by anyone.

Cover image: www.ingimage.com

This book is a translation from the original published under ISBN 978-620-6-71741-6.

Publisher:
Sciencia Scripts
is a trademark of
Dodo Books Indian Ocean Ltd. and OmniScriptum S.R.L publishing group

120 High Road, East Finchley, London, N2 9ED, United Kingdom
Str. Armeneasca 28/1, office 1, Chisinau MD-2012, Republic of Moldova, Europe
Printed at: see last page
ISBN: 978-620-3-37213-7

Espectroscopia molecular Volume 1

Espectroscopia ultravioleta/visível (UV)
e espetroscopia de infravermelhos (IR),
Curso e exercícios corrigidos

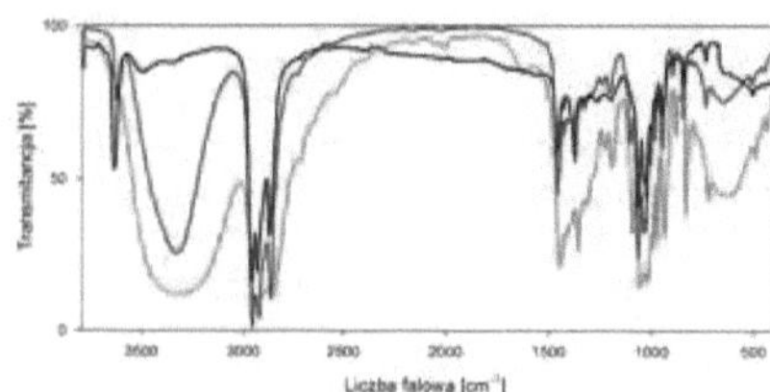

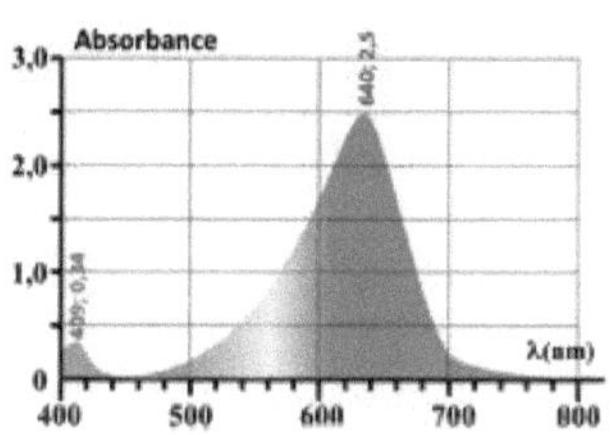

Professor Koubachi Jamal
Faculdade Poli-Disciplinar de Taroudant
Universidade Ibn Zohr, Marrocos

Prefácio

Este livro destina-se a estudantes de mestrado em processos analíticos e controlo de qualidade, análise química e estudantes de mestrado em química orgânica. Pode também ser utilizado por estudantes de farmácia, química, biologia ou de uma licenciatura profissional no domínio agroalimentar.

O objetivo deste manual de curso, com exercícios corrigidos, é ensinar aos químicos métodos espectroscópicos de análise e técnicas de identificação utilizadas para caraterizar produtos orgânicos sintéticos ou naturais, combinando sinergicamente informações de espectros de infravermelhos e ultravioleta (UV). Basicamente, a molécula é perturbada por sondas energéticas e as respostas são registadas sob a forma de espectros. Estes métodos espectroscópicos de análise são frequentemente utilizados nos laboratórios de controlo de qualidade.

O objetivo deste livro é atualizar algumas noções básicas de química analítica e introduzir os estudantes nas técnicas de análise físico-química, para que possam lidar com as dificuldades que podem ser encontradas na realização de análises e ensaios em laboratórios.

Este livro é apresentado de uma forma simplificada, com vários exemplos de espectros dados para facilitar a compreensão. No final do documento são apresentados exercícios de aplicação para reforçar a compreensão e consolidar os conhecimentos.

O presente documento está dividido em três capítulos:

Capítulo I: Conceitos básicos de espetroscopia

A espetroscopia é o estudo da interação entre a radiação electromagnética e a matéria. Fornece informações sobre a identidade, a estrutura e os níveis de energia dos átomos e das moléculas.

Capítulo II: Espectrometria UV-Visível.

Neste capítulo, apresentamos as noções básicas de espetrometria UV-Visível de uma forma geral e, em seguida, desenvolvemos a espetroscopia molecular ultravioleta-visível, as referências e os exercícios corrigidos. $_{max}$O objetivo é interpretar os espectros UV-visível de cromóforos caracterizados pelo seu comprimento de onda máximo □ expresso em nm.

Capítulo III: Espectrometria de infravermelhos
O químico sentir-se-á mais à vontade com a espetrometria de infravermelhos se tiver um conhecimento mínimo da teoria e da instrumentação. As absorções caraterísticas dos grupos são revistas e associadas de forma pertinente a diagramas de absorção dos grupos, espectros caraterísticos, referências e exercícios corrigidos.

Índice

Introdução

A espetroscopia resulta da interação entre a matéria e uma onda electromagnética. Substituiu praticamente o antigo estudo qualitativo dos compostos químicos:

Pode ser utilizado para determinar a estrutura de quantidades muito pequenas de material, utiliza métodos não destrutivos e é extremamente preciso.

O quadro 1 apresenta algumas das caraterísticas das diferentes espectroscopias que os químicos podem utilizar.

Tabela 1: *Diferentes métodos espectroscópicos.*

	λ	v	Tipo de anulação
NMR sob alguns teslas	0,1 a 100 m	3 a 3000 MHz	Ondas de rádio e micro-ondas
Vibração-rotação	0,2 a 50 mm	6 a 1500 MHz	Infravermelhos
Transições electrónicas	> 10 mm	$^{16}< 3 \times 10$ MHz	UV próximo, visível e IV próximo
Ionização	0,3 a 30 mm	$^{1618} 10$ a 10 MHz	Raios X (suaves para níveis de valência, duros para níveis profundos)

A interação matéria-radiação ocorre quando um fotão de energia $E = h\,v$ pode ser absorvido por uma molécula. Este fenómeno ocorre na condição de existir uma transição possível entre dois níveis de energia distantes de E.

Limitar-nos-emos a uma apresentação simplificada dos conceitos preliminares da espetroscopia, da espetroscopia no ultravioleta/visível (UV) e da espetroscopia no infravermelho (IV) como instrumentos de análise e determinação das estruturas moleculares.

Capítulo I: Conceitos básicos de espetroscopia

I. Introdução

1. Definição

A espetroscopia é o conjunto de técnicas utilizadas para analisar a luz emitida por uma fonte luminosa e a luz transmitida ou reflectida por um corpo absorvente.

A interação da luz com a matéria está na origem da maior parte dos fenómenos eléctricos, magnéticos, ópticos e químicos observados no nosso ambiente imediato. A espetroscopia é também o estudo da radiação electromagnética emitida, absorvida ou difundida por átomos ou moléculas. Fornece informações sobre a identidade, a estrutura e os níveis de energia dos átomos e das moléculas, analisando a interação da radiação electromagnética com a matéria.

2. Onda electromagnética

É uma oscilação dos campos elétrico e magnético que se propaga num meio. O campo elétrico E e o campo magnético H propagam-se perpendicularmente e em fase (Figura 1).

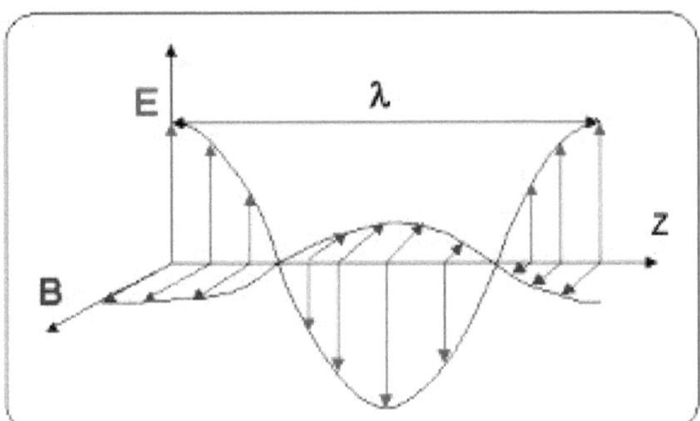

Figura 1: Onda electromagnética

Uma onda electromagnética é caracterizada pela sua frequência, comprimento de onda ou número de onda.

Comprimento de onda λ

$\upsilon = \dfrac{c}{\lambda}$ [8]Frequência $\square$: (c: velocidade da luz no vácuo c = 3,10 m/s)

Período T : $T = \dfrac{1}{\upsilon}$

$$E = h\upsilon = \frac{hc}{\lambda}$$ -34A energia electromagnética da radiação está relacionada com as quantidades acima referidas pela relação fundamental de Planck: (h: constante de Planck h = 6,626.10 j.s).

3. Espectro eletromagnético

É constituído pelo conjunto contínuo de radiações electromagnéticas conhecidas, classificadas de acordo com a sua frequência, comprimento de onda, número de ondas ou energia. Está representado na figura abaixo:

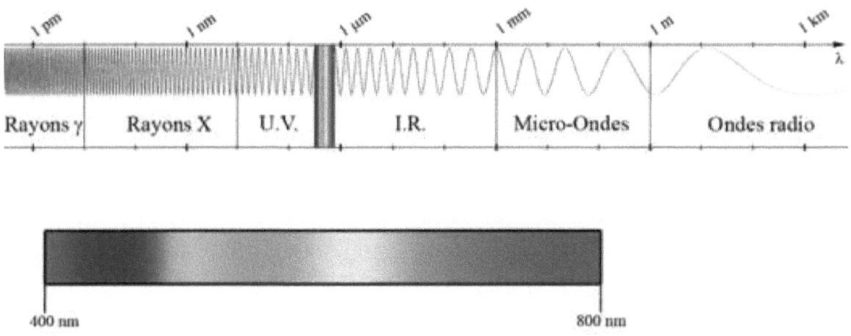

Figura 2: Espectro eletromagnético

4. A teoria corpuscular da radiação electromagnética

A propagação das ondas é bem descrita pela teoria ondulatória. No entanto, a interação da radiação com a matéria levou-nos a atribuir uma natureza corpuscular às ondas electromagnéticas.

- Natureza corpuscular: A natureza ondulatória da luz não permite, por si só, interpretar os fenómenos de interação entre a luz e a matéria.

A radiação electromagnética comporta-se como um fluxo de partículas, fotões ou quanta, que viajam à velocidade da luz.

Planck e depois Einstein propuseram a teoria quântica:

A luz é constituída por grãos de energia: os fotões.

Um fotão é uma partícula que viaja à velocidade da luz e tem um quantum de energia. A energia de um fotão é dada pela equação de Bohr:

$^{-34}$ E = h ν ; onde h = 6,624.10 J.s é a constante de Planck e ν é a frequência clássica da onda.

5. Dualidade da matéria

<u>O postulado de De Broglie</u>

Na sequência da quantificação do campo eletromagnético por Einstein, atribuindo-lhe um carácter corpuscular, Louis de Broglie, por sua vez, retomou o dualismo "mundo-corpusculo" e atribuiu o aspeto ondulatório a todas as partículas que constituem a matéria:

Tal como as ondas se podem comportar como partículas, as partículas podem comportar-se como ondas.

Em 1924, De Broglie associou um comprimento de onda, conhecido como onda de De Broglie, a qualquer partícula material dotada de um momento p=mv: λ=h/p onde h é a constante de Planck.

II. A evolução da espetroscopia e os domínios de aplicação

Isaac Newton é o fundador da espetroscopia. Em 1666, foi o primeiro a compreender que a forma como as sete cores do arco-íris se distribuem por um prisma está ligada à natureza da luz. Estas cores são, de facto, uma sucessão de radiações visíveis de comprimentos de onda continuamente variáveis. O primeiro espetroscópio foi construído por Isaac Newton.

Em 1800, William Herschel descobriu os efeitos térmicos da radiação infravermelha.

Em 1803, Inglefield sugeriu que poderiam existir raios invisíveis para além do violeta. A existência destes raios ultravioletas foi demonstrada por Ritter e Wollaston

A espetroscopia começou efetivamente com Bunsen e Kirchhoff (1824-1887). Uma das primeiras aplicações da espetroscopia foi testar a composição química do Sol e das estrelas.

No início do século XX, o desenvolvimento de equipamentos permitiu que a espetroscopia fosse amplamente utilizada para uma variedade de aplicações.

A espetrofotometria é utilizada em vários domínios: química, farmácia, ambiente, indústria alimentar, biologia, etc., tanto em laboratório como em instalações industriais.

Exemplo: Na indústria farmacêutica, muitos ensaios de medicamentos são efectuados utilizando a espetrofotometria de absorção UV-VIS.

III. Princípio da espetroscopia

A radiação electromagnética absorvida pela matéria provoca a sua excitação, fornecendo informações que podem ser utilizadas para identificar e elucidar a sua estrutura.

Entre os fenómenos susceptíveis de serem observados :

- Vibração e rotação de ligações químicas quando a radiação absorvida é infravermelha.

- Saltos de electrões localizados num nível de valência de um estado fundamental para outro quando a radiação absorvida é ultravioleta-visível.

- Rotação dos spins nucleares quando a radiação absorvida é sob a forma de ondas de radiofrequência.

IFFIQualquer que seja o fenómeno provocado, a molécula passa de um estado fundamental caracterizado por uma energia inicial E para um estado final ou estado excitado caracterizado por uma energia final E (trata-se de um nível menos estável em que E é superior a E). Durante esta excitação, diz-se que existe uma transição entre o estado inicial e o estado final.

Se esta transição ocorrer do estado inicial para o estado final, dizemos que há uma absorção.

Se a transição for invertida, dizemos que há uma emissão (Figura 3).

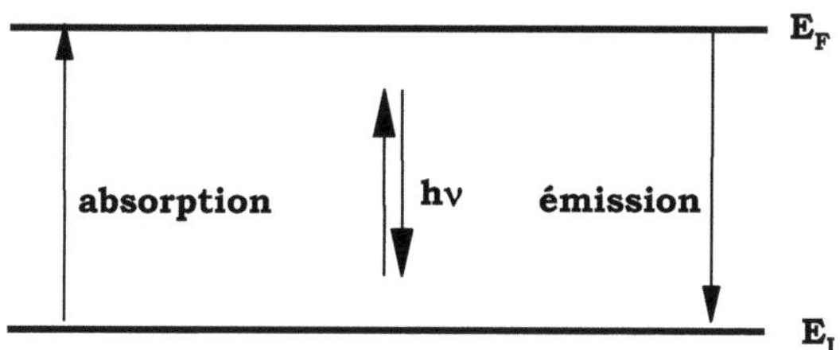

Figura 3: Absorção - Emissão

[FI]Existe uma diferença de energia ΔE entre os estados inicial e final expressa

pela relação: $\Delta E = E - E = \eta\nu$

Atenção:

Um estado excitado é um estado muito instável com um tempo de vida muito curto (μs).

IV. Interação radiação-matéria

1. Níveis de energia molecular: estados de energia

A energia dos átomos e das moléculas é quantificada. Esta energia pode provir de várias fontes:

- Moléculas: rotação, vibração e energia eletrónica.

- Átomos: energia eletrónica.

Existem 4 modos de movimento, e portanto de energia, para as moléculas:

$\Rightarrow$ T radução

$\Rightarrow$ R otação

$\Rightarrow$ A vibração

$\Rightarrow$ Eletrónica (deformação de nuvens)

Uma primeira simplificação consiste em separar o movimento translacional uniforme de toda a molécula, cuja energia não é quantificada.

[35]Em seguida, distinguimos entre electrões e núcleos, partículas com massas muito diferentes (os núcleos são 10 a 10 vezes mais pesados). Os electrões movem-se, portanto, "muito mais depressa" do que os núcleos.

Os movimentos dos electrões podem ser estudados considerando os núcleos como fixos (aproximação de Born-Oppenheimer).

[evr]Isto significa separar as energias: por um lado, a energia eletrónica E e, por outro, a energia devida ao movimento dos núcleos, que tem duas componentes: a energia de vibração E e a energia de rotação E .

Uma partícula elementar (átomo, ião ou molécula) só pode existir em certos estados quantificados de energia. No caso de uma molécula, a energia total é considerada como sendo a soma dos termos :

$$E = E_{Eletrão} + E_{Evibração} + E_{Erotação} + E_{spin}$$

As ordens de grandeza são muito diferentes: $E_e \gg E_v \gg E_r \gg E_s$.

Os níveis de energia eletrónica, de vibração e de rotação são representados por um diagrama em que cada nível é representado por uma linha horizontal (Figura 4).

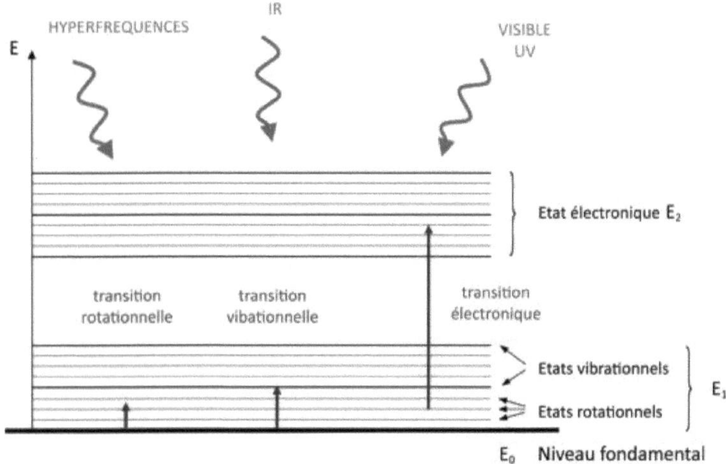

Figura 4: Diagrama dos níveis electrónicos de energia, vibração e rotação

2. Repartição da população por Estado

Cada partícula elementar (átomo, ião ou molécula) tem um conjunto único de estados energéticos. A partícula pode estar em qualquer um destes estados.

O número de partículas num determinado nível de energia é designado por população. A população num nível i comparada com a população no nível fundamental obedece à lei de distribuição de Maxwell-Boltzmann (figura 5):

$$N_i / N_0 = (g_i / g_0)e^{-((E_i-E_0)/ kT)}$$

N_i : número de partículas no estado excitado i

N_0 : número de partículas no estado fundamental 0

g_i e g_0 : degenerescência dos estados i e 0, respetivamente

E_i e E_0 : energia dos estados i e 0, respetivamente

k: constante de Boltzmann ($1,38.10^{-23}$ J.K^{-1})

T: temperatura em Kelvin.

Figura 5: A lei de distribuição de Maxwell-Boltzmann

À temperatura ambiente, a agitação térmica, KT, é de cerca de 2,5 kJ/mol. O primeiro nível vibracional excitado e o primeiro nível eletrónico excitado têm uma energia superior a este valor (Figura 6).

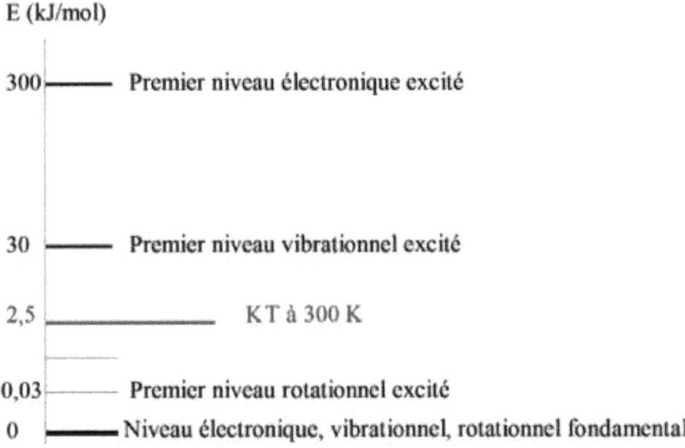

Figura 6: Diagrama energético dos diferentes níveis

3. Interação entre ondas e matéria: os diferentes processos de interação radiação-matéria

vA energia só pode ser trocada entre a matéria e a radiação em quanta: ΔE = h .

Quatro processos estão na base dos fenómenos espectroscópicos: absorção, emissão espontânea, emissão estimulada (no caso dos lasers) e dispersão.

A interação da radiação electromagnética com a matéria pode assumir diferentes formas; distinguiremos sucessivamente os processos que estão na base de todos os fenómenos espectroscópicos: absorção, emissão e dispersão.

3.1. Absorção

Quando um átomo é submetido a uma onda luminosa, pode absorver um fotão. $_{aba}$O átomo, inicialmente num estado de energia eletrónica E, passa então para um estado eletrónico de maior energia $E > E$ (Figura 7).

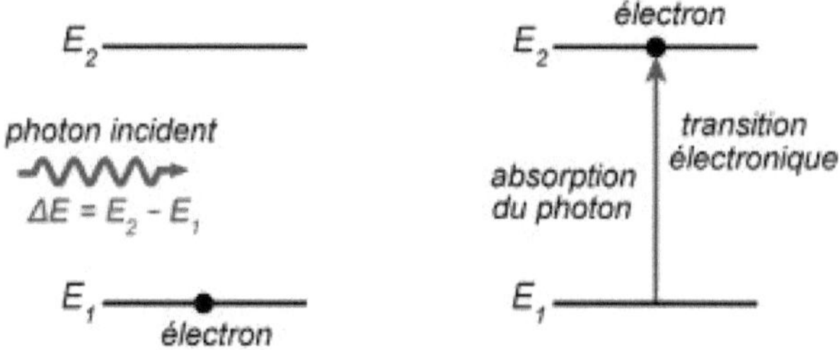

Figura 7: Absorção

3.2. A emissão

A presença de radiação incidente pode induzir um átomo excitado a emitir um fotão com as mesmas caraterísticas dos fotões incidentes.

Este processo é a base do funcionamento dos lasers (Figura 8).

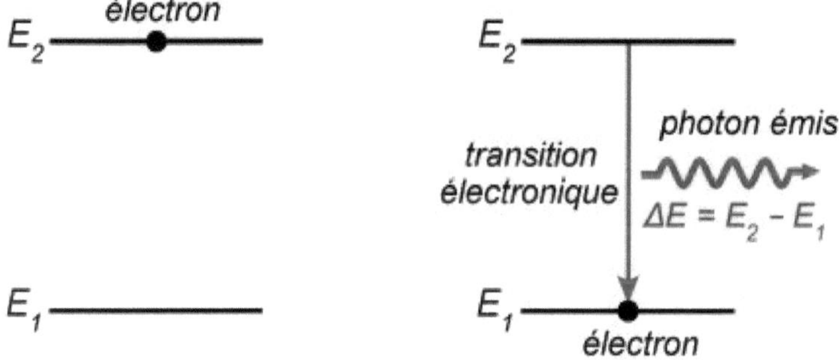

Figura 8: Emissões

3.3. Difusão

A dispersão é o fenómeno pelo qual a radiação, como a luz, o som ou uma partícula em movimento, é desviada em várias direcções por interação com outros objectos (Figura 9).

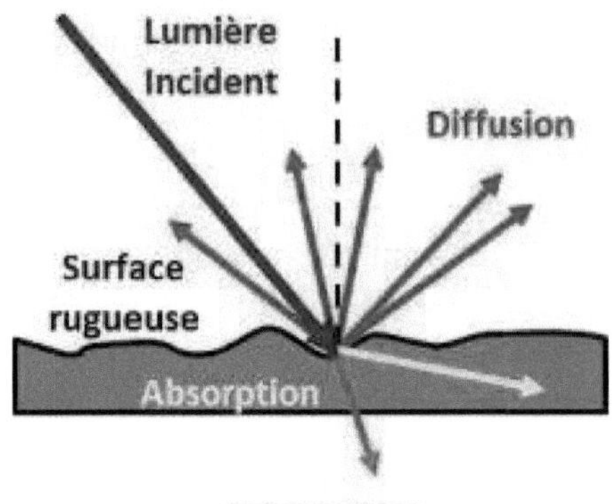

Figura 9: Difusão

Como resultado da troca de energia, a radiação electromagnética provoca uma perturbação no movimento molecular interno. Ocorre uma transição de um nível de energia para outro, consoante o movimento provocado.

Quadro 2: Efeito da radiação electromagnética na matéria

Radiação absorvida	Efeito no material
Ondas de rádio	Transições de spin nuclear (ressonância magnética nuclear NMR)
Micro-ondas	Rotação molecular. Transições de spin dos electrões (ressonância paramagnética eletrónica EPR)
Infravermelhos	Rotação e vibração molecular
Visível e ultravioleta	Saltos de electrões de valência
Radiografias	Extração de electrões das camadas interiores do átomo

V. Regras de seleção

Uma vez que a interação onda-matéria é um fenómeno quântico, é acompanhada de regras de seleção.

As regras de seleção determinam se uma transição é autorizada ou proibida. A interação onda-molécula só pode ter lugar se :

Δ- a frequência da luz corresponde à diferença de energia (E) entre os níveis em causa

- o movimento provoca, na mesma frequência, a variação do momento de dipolo μ do sistema.

Se μ for o momento de dipolo elétrico, então as transições são do tipo dipolo elétrico (responsável pelos fenómenos observados nos comprimentos de onda UV, visível e IV).

Se μ for o momento de dipolo magnético, as transições são do tipo dipolo magnético (responsável pelos fenómenos de ressonância magnética nuclear e ressonância paramagnética eletrónica).

VI. Apresentação do espetro

Trata-se de um diagrama bidimensional (Figura 10):

A abcissa: Transportamos

$\lambda\mu$- ou o comprimento de onda em cm para a gama de micro-ondas, em m para a gama de infravermelhos e em nm para a gama de UV-visível.

$^{-1}$- ou o número de onda em cm, qualquer que seja o domínio em causa.

As ordenações:

Podem ser utilizadas duas grandezas: transmissão e absorvância.

Apresentação do Spectra:

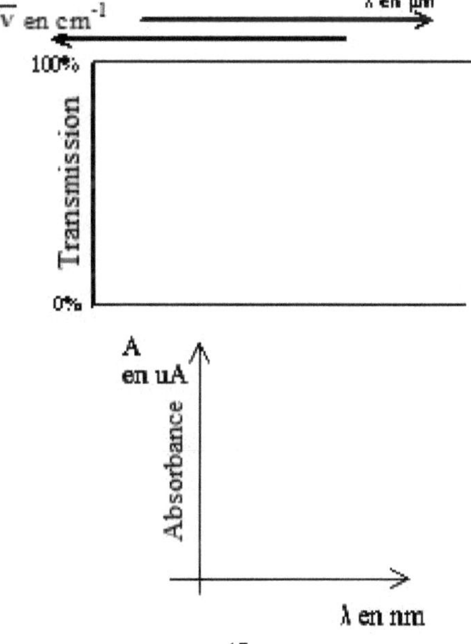

Figura 10: Espectros de IV e UV-visível

1. Espectro de linhas

Num átomo, uma variação da energia eletrónica dá origem a uma única linha espetral. A posição de cada linha corresponde a uma radiação monocromática (Figura 11).

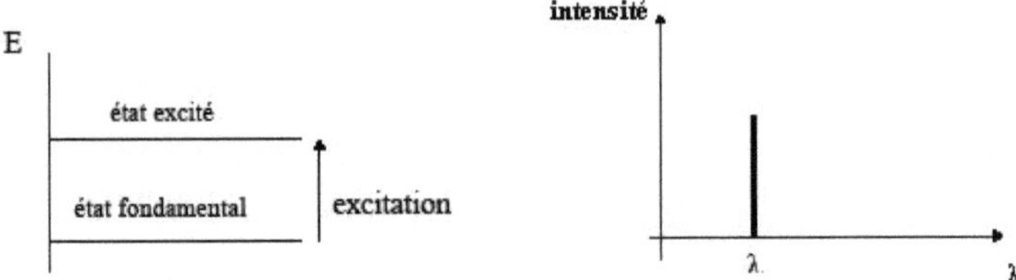

Figura 11: Espectro de linhas

2. Espectros de banda

Teoricamente, o espetro de uma molécula é um espetro de linhas (quantificação, valores discretos de energia). No entanto, experimentalmente, por exemplo, uma transição entre dois níveis electrónicos pode levar a uma alteração das energias vibracional e rotacional, resultando num conjunto de transições com energias muito semelhantes, dando origem a um espetro de bandas (Figura 12).

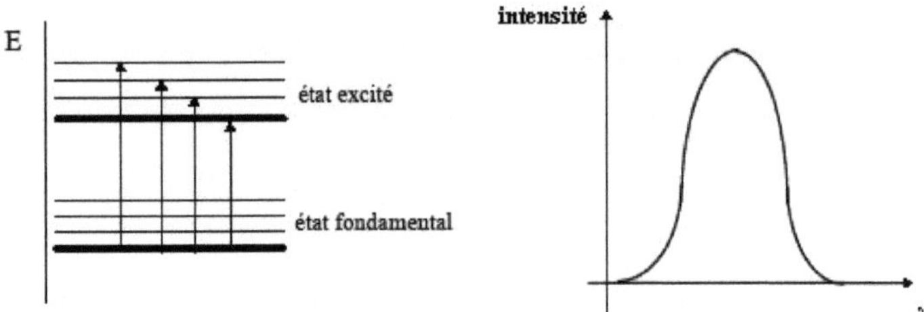

Figura 12: Espectro de bandas

VII. Lei de Beer-Lambert

1. Conceito

0A Quando um feixe de radiação electromagnética (IV ou UV-visível) passa através de um recipiente cilíndrico de largura "l" que contém um composto em solução, a intensidade da radiação incidente I diminui se o composto absorver uma certa quantidade da radiação I (figura 13).

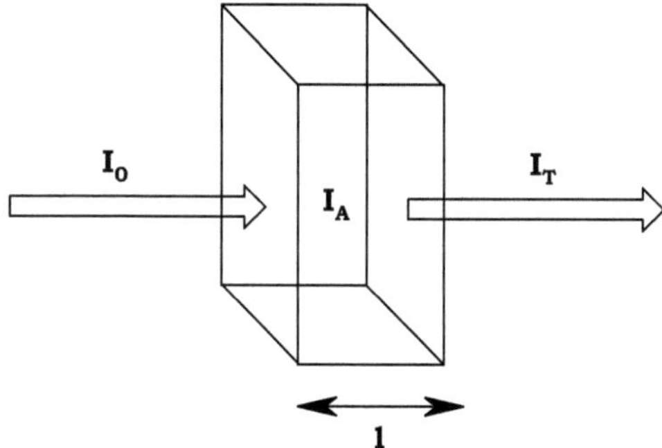

Figura 13: Conceito da lei de Lambert da cerveja

Nós damos:

$_0I$: intensidade da radiação electromagnética incidente

$_TI$: intensidade da radiação electromagnética transmitida

$_AI$: quantidade de radiação electromagnética absorvida

2. Transmitância

A transmitância T é a percentagem de radiação electromagnética transmitida por uma solução. É definida pela relação (Figura 14):

$$T\% = \frac{I_T}{I_0} x100$$

Figura 14: Transmitância T

Nota: A transmitância é frequentemente utilizada nos infravermelhos.

3. Absorvância

Reflecte a quantidade de radiação electromagnética absorvida. É expressa pela seguinte relação (Figura 15):

$$A = \log\frac{100}{T}$$

Figura 15: Absorvância A

Nota: A absorvância é frequentemente utilizada no UV-visível.

4. Enunciado da lei de Beer-Lambert

A absorvância de uma solução de um composto é diretamente proporcional à concentração e à espessura da célula. É também definida pela relação (Figura 16):

$$A = \varepsilon \, l \, C$$

A: Absorvância da solução sem dimensões

C: Concentração do composto na solução

l: Espessura ou largura do reservatório, sempre expressa em cm, também conhecida como percurso ótico.

ε: Coeficiente de extinção molar expresso em (L/mol.cm)

Figura 16: Lei de Lambert da cerveja

Atenção:

Dois compostos diferentes **A** e **B** com a mesma concentração não apresentam a mesma absorvância. Isto deve-se à diferença nos seus coeficientes de extinção molar. Este coeficiente reflecte a capacidade de um composto absorver radiação electromagnética. É um coeficiente caraterístico de cada composto.

Capítulo II: Espectroscopia molecular no ultravioleta-visível

I. Introdução

As técnicas espectroscópicas baseiam-se na troca de energia que ocorre entre a energia radiante e a matéria. A espetroscopia UV-visível é um método de análise e identificação de espécies químicas.

A espetroscopia UV-visível foi um dos primeiros métodos utilizados para sondar a matéria (estrutura das moléculas (qualitativa), composição das soluções (quantitativa)) através de ondas. Utilizamos a interação entre a luz UV-visível e a matéria, e mais especificamente os electrões nas orbitais moleculares (electrões π e pares livres), o que provoca transições electrónicas. Os electrões mudam de camada eletrónica nas moléculas.

Em particular, a espetrofotometria de absorção diz respeito à absorção da radiação luminosa nas regiões visível e quase ultravioleta do espetro eletromagnético (figura 36).

A radiação electromagnética ultravioleta-visível (UV-visível) é classificada de acordo com os valores de comprimento de onda:

Gama do ultravioleta próximo: 200 nm $\leq \lambda \, \delta$ 400 nm

Gama visível: 400 nm $\leq \lambda \, \delta$ 800 nm

O UV distante (10 - 200 nm) também está em causa, embora neste caso o trabalho seja realizado no vácuo ou numa atmosfera de gás inerte, uma vez que o oxigénio atmosférico cobre os sinais das outras substâncias (Figura 17).

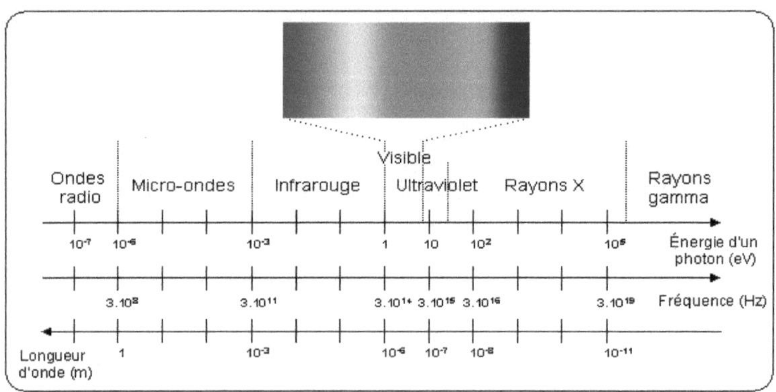

Figura 17: Espectros electromagnéticos

A absorção destes tipos de radiação pelas moléculas é capaz de produzir transições energéticas nos electrões do exterior da molécula, quer estejam ou não envolvidos numa ligação.

Para observar uma transição eletrónica na gama do ultravioleta, ou seja, no visível, a molécula deve ter electrões que sejam facilmente excitados por esta radiação. É o caso mais frequente das moléculas orgânicas insaturadas (com grupos cromóforos) ou das espécies inorgânicas com electrões da camada d.

Comentários:

- O UV-Visível não pode determinar a estrutura total de uma molécula.

- Os comprimentos de onda UV-visível são mais curtos do que os comprimentos de onda IR. Consequentemente, a radiação UV-visível é mais energética do que a IV.

- A cor é o resultado da absorção da luz visível (λ de 400 a 800 nm, ou seja, de 0,4 a 0,8 μm).

- As substâncias que absorvem apenas: no UV (ultravioleta) próximo ($\lambda = 200$ a 400 nm) e no IV (infravermelho: $\lambda > 800$ nm) aparecem incolores.

Todas as substâncias são absorvidas no UV distante ($\lambda < 200$ nm).

II. Princípios e regras de seleção

Uma transição UV-Visível (frequentemente entre 180 e 750 nm) corresponde a um salto de um eletrão de uma orbital molecular fundamental ocupada para uma orbital molecular excitada vaga (Figura 18).

A matéria absorve então um fotão cuja energia corresponde à diferença de energia entre o nível fundamental e o nível excitado. Mas nem todas as transições energeticamente possíveis são possíveis.

As transições permitidas são aquelas que causam uma variação no momento de dipolo elétrico.

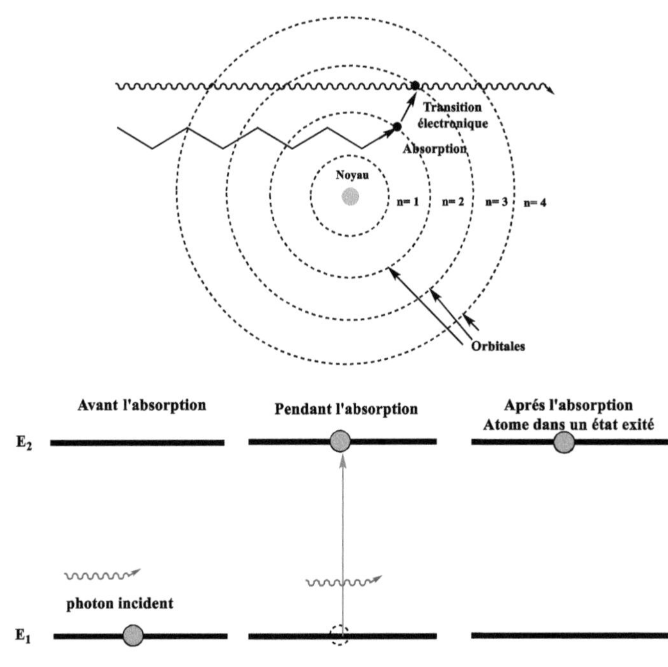

Figura 18: Transição eletrónica

III. Diferentes tipos de transições electrónicas e absorção no UV-Visível

1. Espectro de absorção em função do comprimento de onda

Ao fazer passar radiação UV ou visível através de uma substância, podemos obter uma curva de intensidade residual (absorção) em função do comprimento de onda. Obtém-se assim um espetro de absorção eletrónica.

Um espetro UV-Visível é uma representação gráfica da absorvância em função do comprimento de onda (em nm). $_{max}$maxA banda de absorção é caracterizada pela sua posição no comprimento de onda (λ) e pela sua intensidade associada ao coeficiente de extinção molar ε ($A = \varepsilon \ell C$); o valor de ε pode indicar se a transição é permitida ou proibida (figura 19).

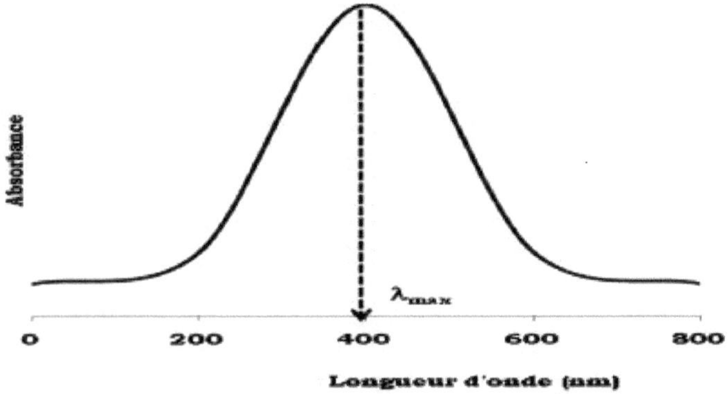

Figura 19: Espectro de adsorção UV - Visível

Nota:

maxUm composto que absorve na gama UV-Visível é caracterizado pelo seu comprimento de onda máximo ☐ expresso em nm.

Por exemplo:

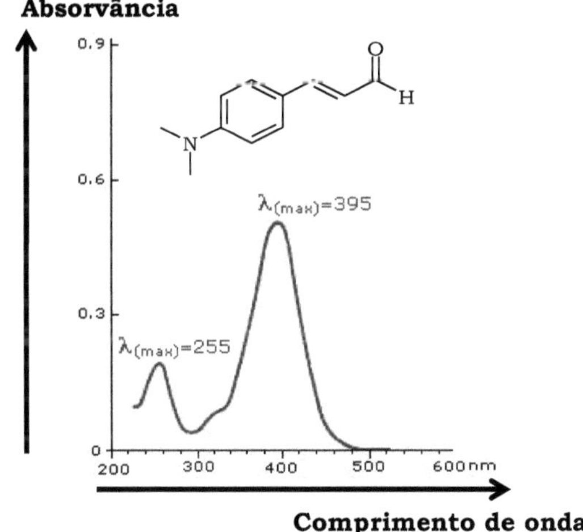

Figura 20: Espectro de adsorção UV - Visível do (E)-3-(4-(dimetilamino)fenil)acrilaldeído

2. Transições electrónicas

As transições electrónicas são feitas entre as diferentes orbitais moleculares.

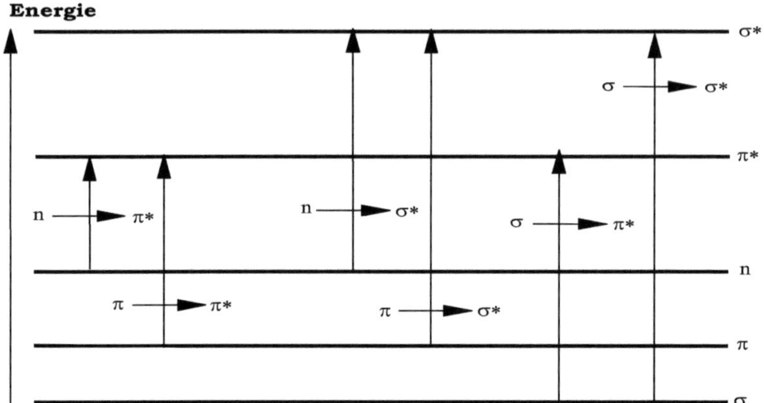

Figura 21: Transições electrónicas entre as diferentes orbitais moleculares.

Cada estado eletrónico tem uma energia correspondente E_σ, E_π, E_n, E_{π^*}, E_{σ^*} e E como mostra a figura acima. A transição eletrónica corresponde a uma variação de energia, como por exemplo

$$\Delta E = h\, \nu = \eta\, \chi/\lambda$$

Onde λ é o comprimento de onda da transição eletrónica em consideração.

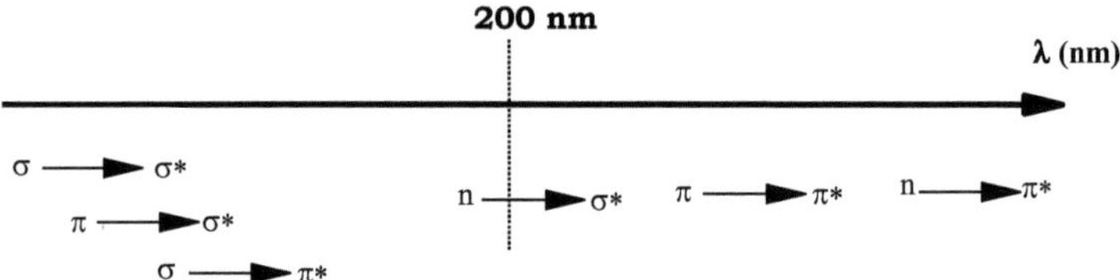

Figura 22: Comprimento de onda de diferentes transições electrónicas no UV-Visível

Nota:

Para observar uma transição eletrónica na luz UV-Visível, a molécula deve possuir uma insaturação.

♣ Transição σ → σ*

Corresponde à transição de um eletrão de uma orbital molecular (MO) de ligação σ para uma MO de ligação σ*-anti, o que requer muita energia. Gama espetral: UV distante.

Exemplo: hexano *(no estado gasoso)* C_6H_{14}, $\lambda_{max} = 135$ nm, transição de alta intensidade.

Os hidrocarbonetos saturados têm apenas ligações deste tipo e são transparentes na gama do UV próximo.

O ciclo-hexano e o heptano são utilizados como solventes próximos do UV. A 200 nm, a absorvância A de uma espessura de 1 cm de heptano é igual a 1. Infelizmente, o poder de solvência destes solventes é insuficiente para dissolver muitos compostos polares.

Da mesma forma, a transparência da água no UV próximo (A= 0,01 para ℓ= 1 cm, a λ= 190 nm) deve-se ao facto de só poderem existir transições $\sigma \rightarrow \sigma^*$e $n \rightarrow \sigma^*$.

♣ Transição n → σ*

Corresponde à passagem de um eletrão de um dupleto livre n dos átomos O, N, S, Cl para um OM σ^* anti-ligante, conduzindo a uma transição de intensidade média de cerca de 180 nm para os álcoois, de cerca de 190 nm para os éteres ou derivados halogenados e de cerca de 220 nm para as aminas.

As energias envolvidas são geralmente mais baixas do que as das transições $\sigma \rightarrow \sigma^*$.

Correspondem a comprimentos de onda entre 150 e 250 nm. O coeficiente de absorção varia de 100 a 5000 $L.mol^{-1}.cm^{-1}$.

Esta transição ocorre a cerca de 180 nm para os álcoois, 190 nm para os éteres e 220 nm para as aminas.

Exemplo: $_{max}$Etilamina $\lambda = 210$ nm ($\varepsilon = 800$); éter $\lambda = 190$ nm ($\varepsilon = 2000$); $_{max}$Metanol: $\lambda = 183$ nm ($\varepsilon = 50$); 1-clorobutano: $\lambda = 179$ nm.

♣ Transição n → π*

Corresponde à passagem de um eletrão de um dupleto de um OM *do tipo n* não ligante para um OM π^* anti-ligante. Ocorre no caso de um doublet de um heteroátomo num sistema insaturado.

Exemplo: o grupo carbonilo $C=O$ (270 - 280 nm) tem um coeficiente de absorção molar baixo, entre 10 e 100 $L.mol.cm^{-1}$.

Etanal $\lambda = 293$ nm ($\varepsilon = 12$, em etanol como solvente).

♣ Transição π → π*

Corresponde a compostos etilénicos. [1-1]Um eletrão passa de um π OM para um π^* OM, e tem uma forte banda de absorção à volta de 170 nm com um coeficiente de absorção que varia entre 1000 e 10000 L.mol.cm .

[max]**Exemplo**: etileno λ = 165 nm

Os quatro tipos de transições são agrupados num único diagrama de energia para os situar uns em relação aos outros no caso geral e para especificar as gamas espectrais envolvidas (Figura 23).

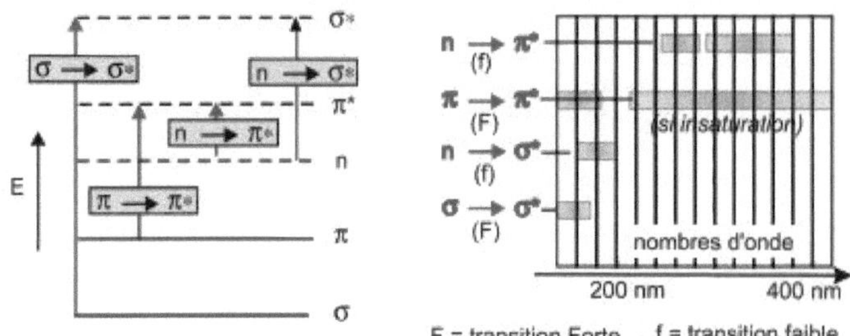

Figura 23: Comparação das transições mais frequentemente encontradas em compostos orgânicos simples.

♣ Transição d → d

Diz respeito aos metais de transição com electrões no OM d. Estes complexos (ou sais inorgânicos) são coloridos e a absorção na gama do visível deve-se frequentemente a uma transição d-d em que um eletrão passa de uma orbital d ocupada para uma orbital d vaga de maior energia.

$_{26}^{+++}{}_{26}^{++}$Por exemplo, as soluções de sais metálicos de titânio [Ti(H O)] ou de cobre [Cu(H O)] são azuis, enquanto o permanganato de potássio dá soluções púrpuras, e assim por diante.

[-1]Os coeficientes de absorção são geralmente muito baixos, variando de 1 a 100 $L.mol^{-1}.cm^{-1}$

Tabela 3: Cores com comprimento de onda λ

Cor	λ (nm)	$^4\nu$ (10 Hz)	E (eV)	E (Kj/mol)
Vermelho	700	4,28	1,77	171
Laranja	620	4,84	2,00	193
Amarelo	580	5,17	2,14	206
Verde	530	5,66	2,34	226

Azul	470	6,38	2,64	254
Violeta	420	7,14	4,15	285
Ultravioleta	< 300	> 15,0	> 5,00	> 400

3. Compostos de absorção UV-Visível

3.1 Estrutura eletrónica molecular do hidrogénio

$_{AB}$A ligação covalente simples observada σ entre os dois átomos de hidrogénio resulta de uma sobreposição axial das duas orbitais atómicas (AO) 1s e 1s dos dois átomos de hidrogénio para formar orbitais moleculares (AO de ligação σ) e AO de não ligação σ* que é uma AO virtual) (Figura 24).

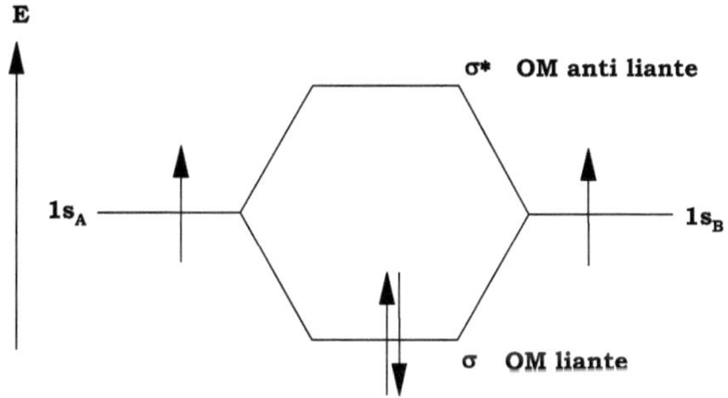

Figura 24: Diagrama de energia OM para o hidrogénio

Após excitação externa, o sistema molecular sofre uma transição eletrónica do estado mais estável (OM □) para o estado excitado (OM σ*) (Figura 25).

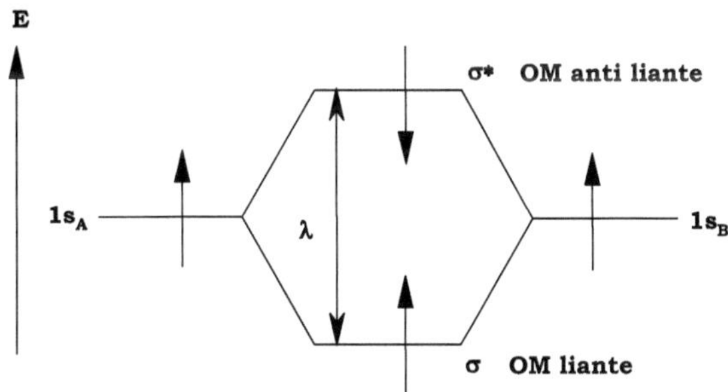

Figura 25: Transição eletrónica entre σ ετ σ*

As transições electrónicas podem ser observadas entre um nível eletrónico ocupado e um nível eletrónico que pode aceitar um eletrão.

Para a molécula de di-hidrogénio, a transição eletrónica tem um comprimento de onda □□□□□□□□nm. No entanto, este comprimento de onda não pertence à gama do UV-visível. Veremos mais tarde que esta transição eletrónica não é permitida na gama do UV-Visível.

Nota:

Para que uma transição eletrónica seja observada na gama do UV-visível, o OM ocupado deve ter uma energia mais elevada e o OM vago deve ter uma energia mais baixa. Este é o caso dos compostos com ligações □.

3.2. Estrutura eletrónica molecular do etileno

$_{22}$Considere a molécula de etileno com a estrutura química: CH =CH .

^{2}Os dois átomos de carbono estão hibridizados sp . É uma molécula plana. Cada carbono tem três ligações σ e uma ligação □. A ligação π resulta de uma sobreposição lateral dos OAs 2p de cada carbono. Há dois casos possíveis:

Os dois electrões beneficiam simultaneamente da interação eletrostática com os dois núcleos de carbono. O OM π é o resultado da combinação em fase de dois OAs de 2p(C).

$\cong$A OM pode ser escrita como: π 2p(C1) + 2p(C2)

Os dois electrões podem ocupar este OM se tiverem spins opostos.

Os dois electrões não podem beneficiar simultaneamente da atração dos dois núcleos dos dois C's. O OM π* é o resultado da combinação em fase inversa dos dois OA's de 2p(C).

$\cong_{12}$A OM pode ser escrita como: π* 2p(C) - 2p(C)

Nesta orbital, os electrões evitam estar entre os 2 átomos de C (é um estado virtual).

O diagrama de energia qualitativa para o etileno é representado da seguinte forma

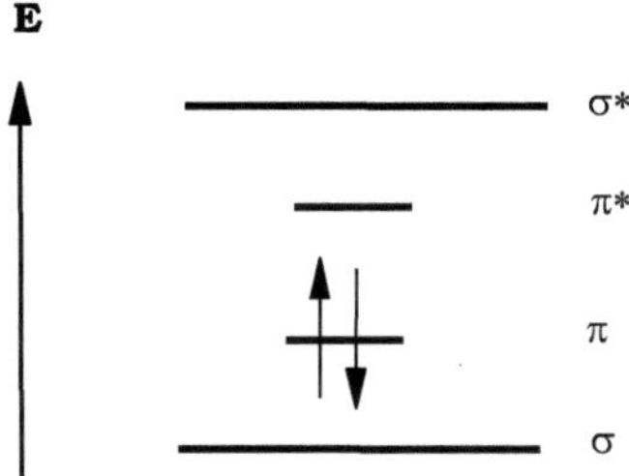

Figura 26: Diagrama energético qualitativo para o etileno

A transição eletrónica do etileno é:

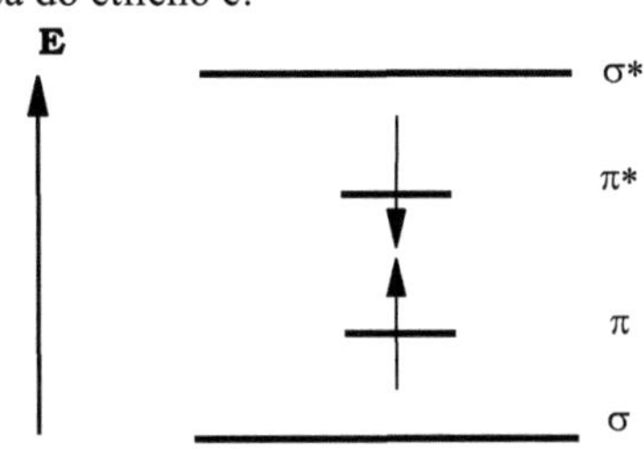

Figura 27: Transição eletrónica do etileno

O etileno absorve a um comprimento de onda $\delta\varepsilon$ λ= 165 nm, que está próximo da gama UV-Visível.

Os electrões mais facilmente excitáveis de um composto são os electrões π das ligações duplas e os electrões n (duplos de electrões livres na camada periférica dos heteroátomos: N, O, S). São, portanto, os grupos funcionais (também conhecidos como grupos cromóforos) os responsáveis pela absorção da radiação UV-Visível por um composto.

Tabela 4: Exemplos de transições electrónicas para alguns compostos.

	Transição	λ_{max} (nm)	ε (L.mol^{-1}.cm^{-1})
Etileno (C=C)	$\pi \to \pi^*$	165	15000
1-hexino (C≡C)	$\pi \to \pi^*$	180	10000
Etanal C=O)	$n \to \pi^*$	293	12
	$\pi \to \pi^*$	180	10000

$_2$Nitrometano (NO)	$n \rightarrow \pi^*$	275	17
	$\pi \rightarrow \pi^*$	200	5000
$_3$Bromometano (CH - Br)	$n \rightarrow \sigma^*$	205	200

4. Cromóforos e definições

Um cromóforo é uma função ou grupo de átomos que modifica a frequência da onda UV e a intensidade de absorção (□).

Os grupos funcionais dos compostos orgânicos (cetonas, aminas, derivados nitrados, etc.) responsáveis pela absorção no UV/VIS são designados por *grupos cromóforos* (quadro nn). Uma espécie constituída por um esqueleto de carbono que é transparente no UV próximo e que possui um ou mais cromóforos é um cromogénio.

Tabela 5: Cromóforos caraterísticos de alguns grupos azotados.

Nome	Cromóforo	$_{max}$□ (nm)	$_{max}^{-1-1}\varepsilon$ (L.mol .cm)
Amina	$-NH_2$	195	3000
Oxima	$= NOH$	190	5000
Nitro	$- N\tilde{A}O_2$	210	3000
Nitritos	$- ONO$	230	1500
Nitrato	$- ONO_2$	270	12
Nitroso	$-N = O$	300	100

Grupo auxiliar:

$_2$Trata-se de um grupo saturado ligado a um cromóforo e capaz de modificar o comprimento de onda e a intensidade da absorção (OH, NH , Cl,...).

Os quatro termos utilizados são:

♣ Efeito banho-cromo :

$_{max}$O cromóforo reduz a frequência de absorção (aumenta a λ)

♣ Efeito hipsocromo :

$_{max}$O cromóforo aumenta a frequência de absorção (diminui λ)

♣ Efeito hipocrómico :

O cromóforo reduz a intensidade de absorção (diminui $\square$)

♣ Efeito hipercromático :

O cromóforo aumenta a intensidade de absorção (aumenta $\square$)

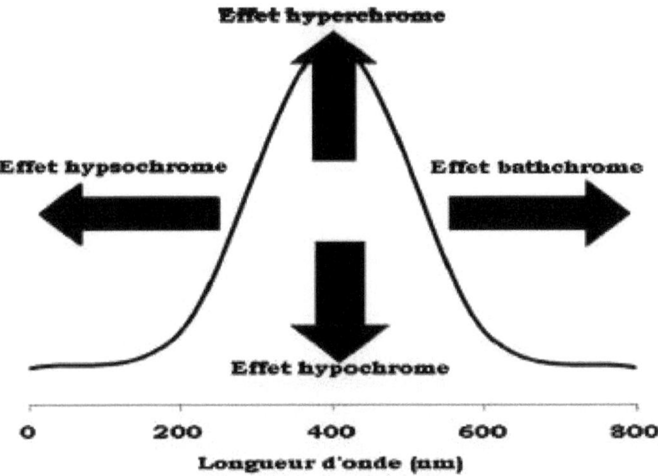

Figura 28: Efeito do agrupamento de auxocromos no comprimento de onda e na intensidade da absorção

IV. Exemplos do efeito do ambiente nas transições

1. Efeito da substituição

A posição da banda de absorção depende da presença ou ausência de um substituinte no grupo cromóforo. Por exemplo, quanto mais o grupo etilénico é substituído, mais a banda de absorção devida à transição ($\pi \rightarrow \pi^*$) é deslocada para o visível: efeito batocromo.

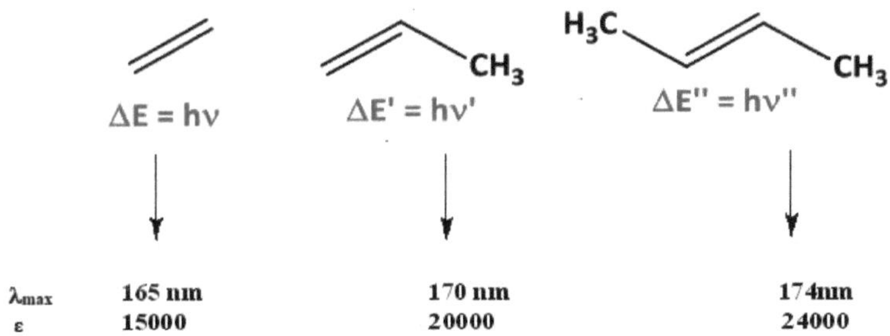

Figura 29: Efeito batócrómico de um substituinte no grupo etileno.

2. Efeito da conjugação

• *Cromóforos isolados*: para uma série de moléculas com o mesmo cromóforo, a posição e a intensidade das bandas de absorção permanecem mais ou menos constantes. Se uma molécula tiver vários cromóforos isolados, ou seja, cromóforos que não interagem entre si porque estão separados por pelo menos duas ligações simples, os efeitos de cada um dos cromóforos individuais são sobrepostos.

• *Cromóforos em sistemas conjugados*: quando os cromóforos interagem entre si, o espetro de absorção é deslocado para comprimentos de onda mais longos (*efeito batocromo*) com um aumento da intensidade de absorção (*efeito hipercromo*). Um caso especial é o dos sistemas conjugados, ou seja, estruturas orgânicas com vários cromóforos insaturados separados por uma única ligação. Neste caso, o espetro é muito distorcido em relação à simples sobreposição dos efeitos produzidos pelos cromóforos isolados. Quanto maior for o número de átomos de carbono sobre os quais se estende o sistema conjugado, menor será o intervalo entre os níveis das orbitais de fronteira. Daí resulta um efeito batocrómico muito significativo

2.1. Derivados etilénicos:

A sequência de insaturações leva à deslocalização dos electrões π. Esta deslocalização, que reflecte a facilidade com que os electrões se podem deslocar ao longo da molécula, é acompanhada por uma convergência dos níveis de energia.

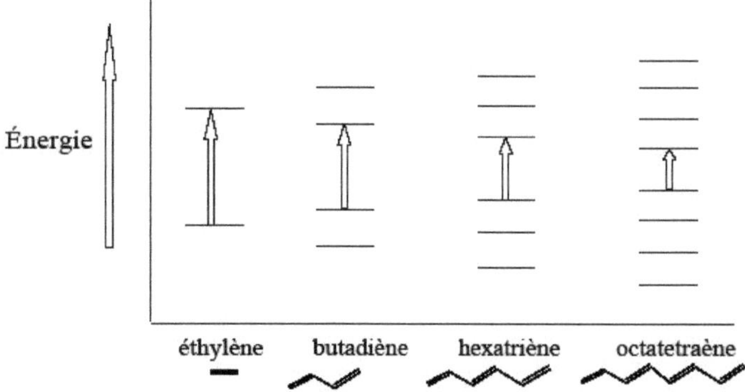

Figura 30: Efeito de deslocalização do eletrão π

Considere as seguintes derivadas da molécula

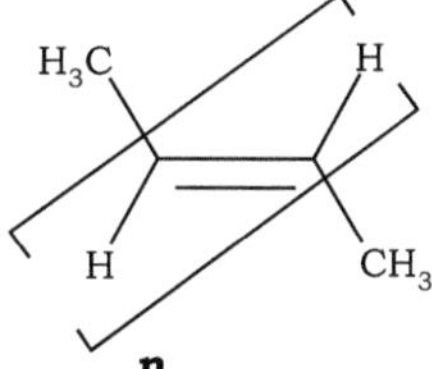

Figura 31: Diagrama dos poli-enos

Tabela 6: O estudo incide sobre a variação do comprimento de onda e do coeficiente de extinção molar em função do número n.

Número n	Comprimento de onda λ (nm)	Coeficiente de extinção ε. 10^4 (L/mol cm)
1	174	1,6
2	227	2,4
4	310	7,7
6	380	14,7

Verifica-se que o comprimento de onda e o coeficiente de extinção aumentam à medida que n aumenta. Trata-se de um duplo efeito (batocrómico e hipercrómico).

→O mesmo efeito é observado na transição n π^*.

Quadro 7: Aumento do comprimento de onda e do coeficiente de extinção com o aumento de n (duplo efeito: batócrómico e hipercrómico)

Compostos	→Transição $\pi\,\pi$	→Transição n π^*
₃Propanona CH -CO-CH₃	188 nm	279 nm
4-Méthylpent-3-én-2-one ou óxido de mesitilo	236 nm	315 nm

Nota: A deslocação do bato-cromo é responsável pela cor de muitos compostos naturais com cromóforos conjugados alargados.

_{max}**β-caroteno**: A cor laranja do *β-caroteno* provém da união de onze ligações duplas conjugadas: **λ = 497 e 466 nm (em clorofórmio)**.

_{max}Valores do λ de uma família de polienos *E-dissubstituídos* conjugados que diferem entre si pelo número de ligações duplas conjugadas. Este efeito é responsável pela cor de muitos compostos naturais com cromóforos conjugados alargados nas suas fórmulas semi-desenvolvidas. _{max}Por exemplo, a cor laranja do β-caroteno totalmente trans (Figura qq) deve-se à presença de onze ligações duplas conjugadas (**λ = 425, 448 e 475 nm em hexano**). Quanto maior for a deslocalização dos electrões, maior será o efeito bato-cromo.

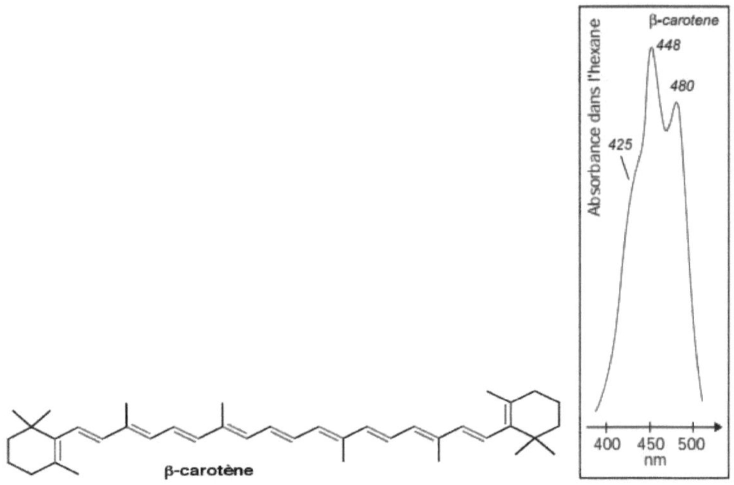

Figura 32: Efeito de várias ligações duplas conjugadas na posição do máximo de absorção da transição $\pi \rightarrow \pi^*$ **para** alguns polienos conjugados.

Assume-se que as seguintes moléculas têm comprimentos de onda máximos:

$_{max}$**Z e E but-2-eno** e **2-metil-propeno**: $\lambda =$ **186** nm

$_{max}$**2-metil-but-2-eno**: $\lambda =$ **191** nm

$_{max}$**2,3-dimetil-but-2-eno**: $\lambda =$ **196** nm

Quanto mais o grupo é substituído, mais a banda de absorção é deslocada para $\square$: efeito bathchrome. **É adicionado** um incremento de **5 nm por cada substituinte**.

2.2. Derivados do benzeno

Os compostos aromáticos conduzem a espectros mais complexos do que os etilénicos. As transições $\pi \rightarrow \pi^*$ dão origem a uma "estrutura fina".

O benzeno tem 3 bandas caraterísticas K, R e B, cujas caraterísticas são dadas no quadro seguinte:

Quadro 8: Bandas K, R e B caraterísticas do benzeno

Banda	Comprimento de onda λ (nm)	Coeficiente de extinção ε (L/mol cm)
K	184	60 000
R	204	7400
B	254	204

Comparando os coeficientes de extinção molar das 3 bandas, podemos dizer que a banda B é invisível em comparação com as outras 2.

Será estudado o efeito da substituição do benzeno por grupos auxocromáticos na variação de λ e ε, especialmente da banda invisível B.

Tabela 9: O efeito da substituição do benzeno por grupos auxocromáticos em λ e ε

Composto	Grupo auxiliar	Comprimento de onda λ (nm)	Coeficiente de extinção ε (L/mol cm)
Fenol	OH	270	1450
Anilina	NH_2	280	1430
Para-nitrofenol	$NÃO_2$	375	16000

Benzeno		254	204

Verifica-se que os comprimentos de onda variam significativamente de um grupo de auxocromos para outro. Estes grupos produzem um efeito batocrómico. $_2$A intensidade de absorção também aumenta (efeito hipercrómico) com estes grupos e a melhor intensidade foi obtida com o grupo NO .

No caso dos aromáticos polinucleares, à medida que o número de anéis condensados aumenta, a absorção desloca-se para comprimentos de onda mais longos até atingir a região do visível.

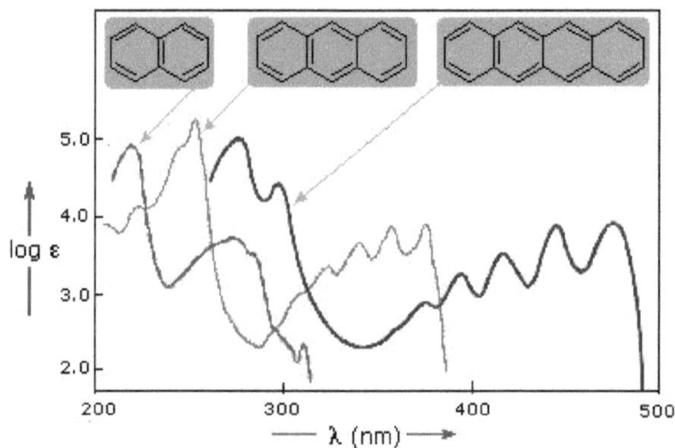

Figura 33: Efeito dos aromáticos polinucleares

3. Efeitos do solvente: Solvatocromia

3.1 Efeito do pH

Suponha a adição de uma base (NaOH) a um álcool de acordo com a reação:

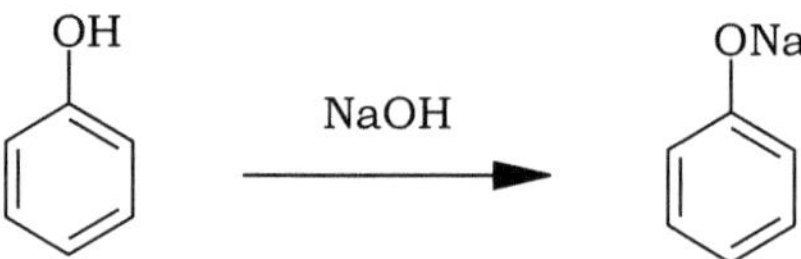

Figura 34: Reação de NaOH com fenol

Um aumento do pH conduz a um efeito de banho-crómico e a um efeito hipercrómico.

Ligação dupla carbono-carbono

Tabela 10: O efeito do aumento do pH em λ e ε

	OH			ONa	
Banda	**λ (nm)**	**ε (L/mol cm)**	**Banda**	**λ (nm)**	**ε (L/mol cm)**
R	211	6200	R	235	9400
B	270	1450	B	287	2600

O pH do meio em que a substância a analisar está dissolvida pode ter um efeito significativo no espetro. Entre os compostos que apresentam este efeito de forma espetacular encontram-se os indicadores coloridos, cuja mudança de cor é utilizada com vantagem nas determinações ácido/alcalinas (figura 35). É assim que os pontos de equivalência podem ser identificados.

Este composto é incolor em valores de pH inferiores a 8 e cor-de-rosa brilhante em valores de pH superiores a 9,5. O gráfico (figura 35) aqui apresentado em perspetiva mostra claramente que, para valores de pH ácidos, não há absorção na parte visível do espetro. Por outro lado, é a absorção em torno de 500 nm, que aparece quando o pH se torna alcalino, que é responsável pela cor bem conhecida deste composto. Neste exemplo, observe a modificação das ligações químicas em função do pH.

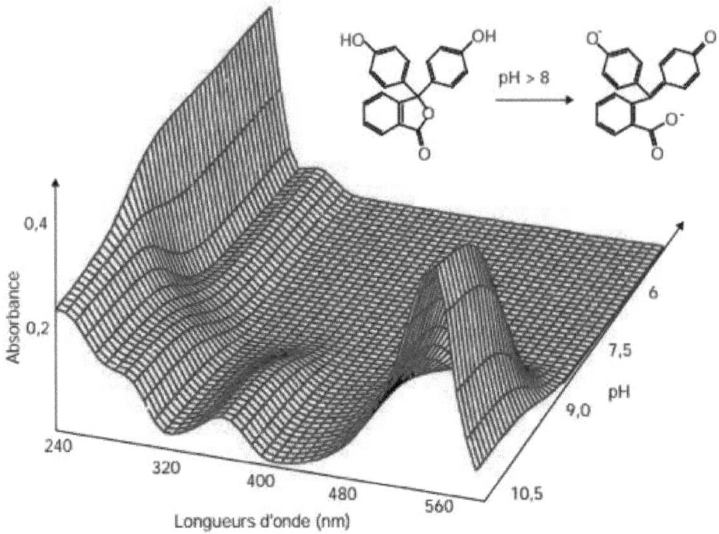

Figura 35: Efeito do pH numa solução de fenolftaleína.

3.2 Efeito do solvente: efeitos hipsocrómicos e batoquímicos

Para o estudo em solução, o solvente deve ser escolhido de forma adequada: deve dissolver o produto e ser transparente (não absorvente) na região examinada (quadro 11).

Quadro 11: Zona de absorção de determinados solventes e materiais.

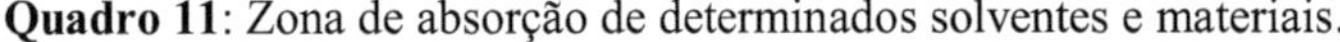

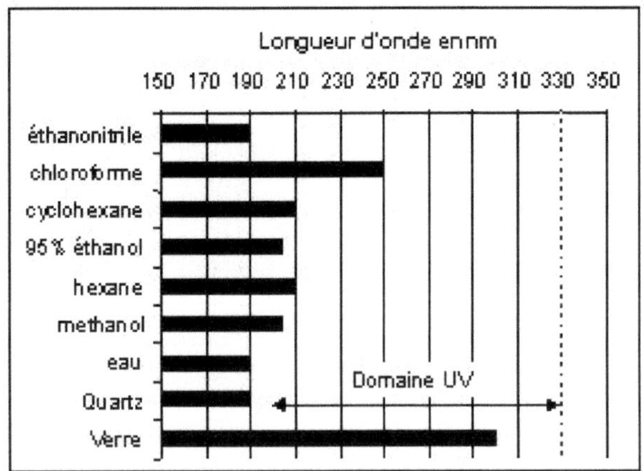

Exemplo:

O hexano pode ser utilizado como solvente para amostras que absorvem em comprimentos de onda superiores a 210 nm.

Cada solvente tem a sua própria polaridade. Uma vez que sabemos que qualquer transição eletrónica modifica a distribuição de cargas no composto em solução, é óbvio que a posição e a intensidade das bandas de absorção variam ligeiramente com a natureza do solvente utilizado. Estas alterações reflectem as interações físicas solvente-soluto que modificam a diferença de energia entre o estado fundamental e o estado excitado, e que são suficientemente claras para reconhecer o tipo de transição eletrónica com que estamos a lidar. O aumento da polaridade do solvente tem dois efeitos opostos.

3.2.1. →Efeito hipsocrómico: Transição n π^*

Se o cromóforo responsável pela transição observada for mais polar no seu estado fundamental do que no seu estado excitado, um solvente polar estabilizará principalmente a forma antes da absorção do fotão por solvatação. Por conseguinte, será necessária mais energia para realizar a transição eletrónica em questão, o que resultará numa deslocação do máximo de absorção para comprimentos de onda mais curtos do que ocorreria num solvente não polar. Este é o *efeito hipsocromo*.

→É o caso da transição n π^* do carbonilo das cetonas em solução. $^{+-}$A forma C -O (caracterizada pelo seu momento de dipolo m) será tanto mais estabilizada quanto mais polar for o solvente. Como o estado excitado é atingido rapidamente, a gaiola de solvente que envolve o carbonilo não tem tempo de se reorientar para estabilizar a situação após a absorção do fotão. Este mesmo efeito é observado para a transição $n \rightarrow \sigma*$. Ele é acompanhado por uma variação no coeficiente '

3.2.2. →Efeito bato-cromo: Transição π π *

Para compostos de baixa polaridade, o efeito do solvente é fraco. No entanto, se o momento de dipolo do cromóforo aumentar durante a transição, o estado final será mais solvatado. Um solvente polar estabilizará assim a forma excitada, o que favorece a transição: observa-se uma deslocação para comprimentos de onda mais longos, em comparação com o espetro obtido num solvente não polar. Trata-se *do efeito batócromo.* →É o caso da transição **π π *** dos hidrocarbonetos etilénicos em que a ligação dupla inicial é pouco polar.

Exemplo: Aqui vemos os efeitos batocrómicos ou hipsocrómicos de dois solventes diferentes nos dois tipos de transições.

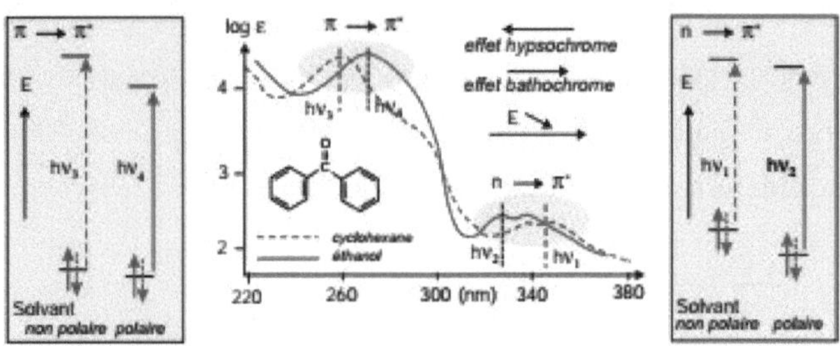

Figura 36: Espectros da benzofenona em ciclo-hexano **(1)** e etanol **(2)**.

V. Aplicação das regras Woodward-Fieser e Scott

1. Regras de Woodward-Fieser

1.1. Dienos conjugados

Estrutura de base	Incremento adicionado (nm)
Higiene anular em casa	253
Dieno de cadeia linear ou hetero-anular	214

Substituinte	Incremento adicionado (nm)
Ligação dupla conjugada adicional	30
Ligação dupla exo-cíclica	5
Alquilo ou resíduo de alquilo	5
-O-R	6
-S-R	30
-Cl, -Br	5
$-NR_2$	60

-O-CO-R	0

<u>**Exemplo 1**</u>:

		Incremento adicionado (nm)
Estrutura de base	**Higiene anular em casa**	253
Substituinte	1 ligação dupla exocíclica em relação ao anel B	5
	3 resíduos de alquilo em a, d e c	3 x 5 = 15
	Um metilo em b	5
		278

$_{max}\square$ = 278 nm

1.2 Compostos de carbonilo α,β insaturados

	X	$_{max}\square$ **(nm)**
	H	207
	Alkyle	215
	OH, Alcoxi	193

Caraterísticas especiais da estrutura :

Se a molécula também tiver :

É adicionada uma ligação dupla exocíclica num incremento de 5 nm

Para uma conjugação adicional, adicionamos 30 nm

Um componente diénico homo-anular (cadeia aberta ou cíclica) é adicionado a 39 nm, tendo em conta as posições dos substituintes.

Incremental	α	β	γ	δ
Alkyle	10	12	18	18
Cl	12	12	***	***

	X	α	β	γ	δ
	Br	25	30	***	***
	OH	35	30	***	50
	Alcoxi	35	30	17	31
	O-CO-R	6	6	6	6
	NR$_2$	***	95	***	***

Nota: Estes valores são determinados utilizando metanol ou etanol como solventes.

Exemplo:

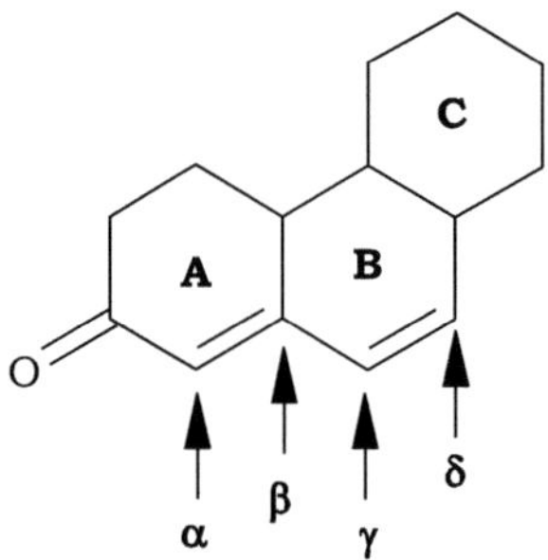

Estrutura de base	Composto carbonílico α,β insaturado	Incremento adicionado (nm)
		215
Substituinte	1 ligação dupla conjugada adicional	30
	1 ligação dupla exo-cíclica	5
	1 alquilo restante em β	10
	1 alquilo restante em γ	18
		280

$_{max}\square = 280$ nm

2. As regras de Scott

Trata-se de regras para calcular os comprimentos de onda máximos dos compostos aromáticos.

Estrutura de base	R	Valor de base (nm)

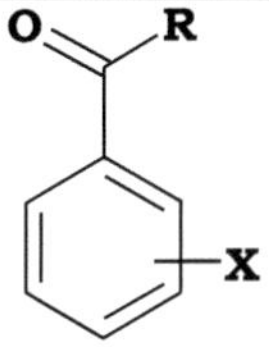	H	250
	Alquilo ou acilo	246
	O-alquilo	230
	OH	230

Incremento de substituição do benzeno em nm :

X	ortopedia	meta	para
Alquilo ou resto de ciclo	3	3	10
-OH, -OR	7	7	25
-Cl	0	0	10
-Br	2	2	15
-NHCOCH$_3$	20	20	45
-NR$_2$	20	20	85
-NH$_2$	15	15	58

Exemplo 1:

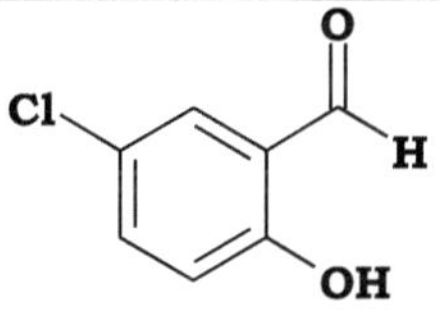	Estrutura de base	250 nm
	Cloro no meta	0
	OH em orto	7 nm
		257 nm

Exemplo 2:

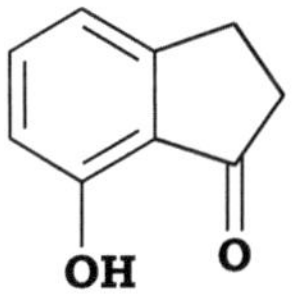	Estrutura de base	246 nm
	1 resíduo de orto-alquilo	3 nm
	OH em orto	7 nm
		256 nm

Exemplo 3:

	Estrutura de base	246 nm
	1 resíduo de orto-alquilo	3 nm

	₃OCH em meta	7 nm
	₃OCH en para	25 nm
		281 nm

Nota: Correcções devidas a solventes

Solvente	Correção (nm)
Água	+ 8
Clorofórmio	- 1
Éter	- 7
Ciclo-hexano	- 11
Dioxano	- 5
Hexano	- 11

VI. Equipamentos

1. Componentes de um espetrofotómetro UV-visível

1.1 Composição de um espetrómetro de absorção molecular

O diagrama esquemático de um espetrofotómetro de duplo feixe é apresentado a seguir:

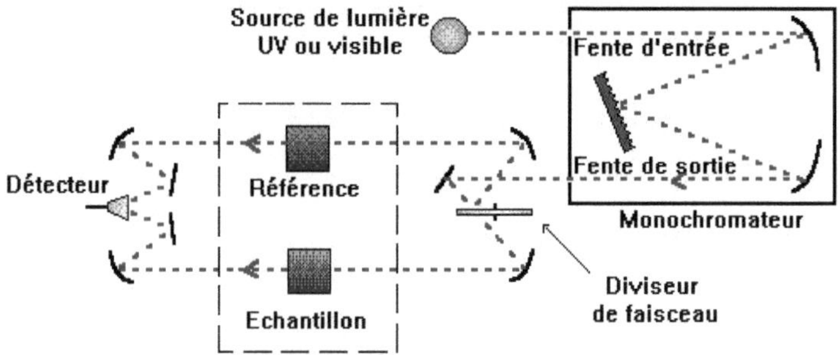

Figura 37: Princípio de um espetrofotómetro de duplo feixe

Um espetrofotómetro é constituído pelos seguintes componentes:

Fonte de luz

É constituído por :

- Uma lâmpada de descarga de deutério utilizada na gama de 190 a 400 nm, com uma emissão máxima a 652,1 nm.

- Lâmpada de filamento de tungsténio para a região de 350 a 800 nm

- Uma lâmpada de descarga de xénon utilizada na gama do UV e do visível. Este tipo de lâmpada é altamente energética. Funciona sob a forma de um flash, tal como se faz uma medição.

Monocromador

O elemento básico é um prisma, uma grelha ou um filtro colorido. O papel do monocromador é isolar a radiação que está a ser medida. Os seus principais componentes são um sistema dispersivo, uma fenda de entrada e uma fenda de saída.

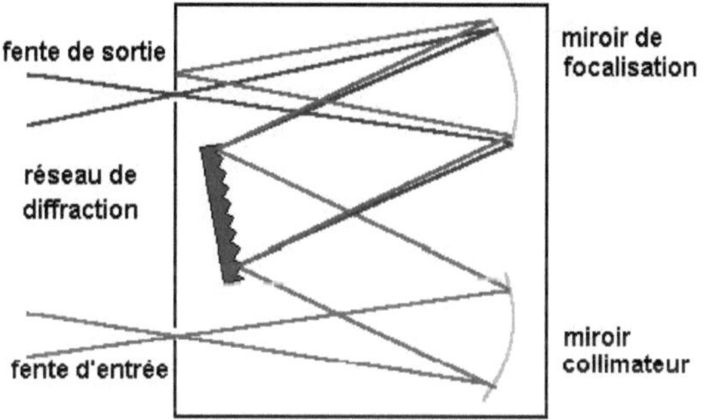

Figura 38: Monocromador

Tanque

Contém a amostra ou a referência. O comprimento da célula é definido (1, 2, 4 ou 5 cm de percurso ótico). Deve ser transparente à radiação que está a ser estudada. Por exemplo, as cuvetes de UV são feitas de quartzo; não podem ser de vidro ou de plástico.

Detetor

Fotodíodo (semicondutor)

Quando um fotão encontra um semicondutor, pode transferir um eletrão da banda de valência (nível de energia baixo) para a banda de condução (nível de energia alto), criando um par eletrão-buraco. O número de pares eletrão-buraco é uma função da quantidade de luz recebida pelo semicondutor, que pode assim ser utilizado como um detetor ótico.

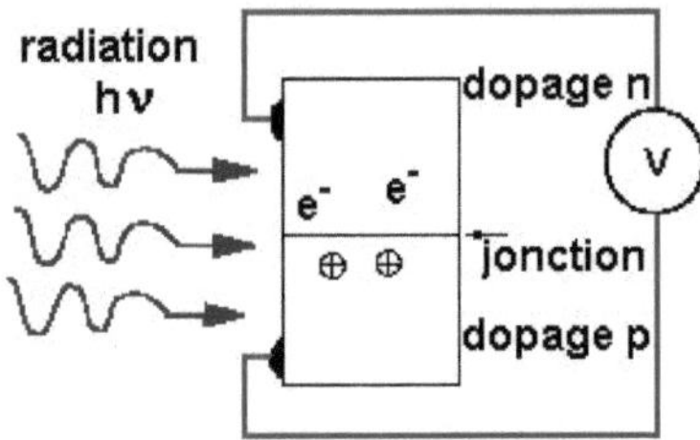

Figura 39: Detetor

Conjunto de díodos

A utilização de uma matriz de díodos permite a medição simultânea em todo o espetro. Uma matriz CCD é um alinhamento de pequenos fotodíodos (14μm x 14μm) que funcionam como um integrador de luz. A carga que aparece num fotodíodo é proporcional à exposição, ou seja, o produto da iluminação e do tempo de exposição, e depende do comprimento de onda. No final da exposição, o conteúdo dos sensores é transferido para um registo de deslocamento analógico e inicia-se uma nova exposição. Este registo transmite os dados armazenados em série, ou seja, um após o outro, a um ritmo definido pela eletrónica de controlo da matriz CCD. Estes dados aparecem sob a forma de uma tensão. No espetrofotómetro Mecacel, estas tensões são convertidas numa tabela de números pela interface que liga o espetrofotómetro ao computador. O software processa esta tabela de valores. Associado a um computador, o espetrofotómetro permite traçar rapidamente os espectros de absorção. O software gere o tempo de exposição do sensor CCD.

Fotomultiplicador

A radiação incidente arranca um eletrão do cátodo através do efeito fotoelétrico. Este eletrão é então acelerado em direção a um segundo elétrodo, chamado dínodo, elevado a um potencial superior. A energia do eletrão incidente é suficiente para arrancar vários outros electrões e assim sucessivamente, daí o efeito multiplicativo. Por cada eletrão retirado do cátodo, podem ser recuperados até 106 electrões do ânodo.

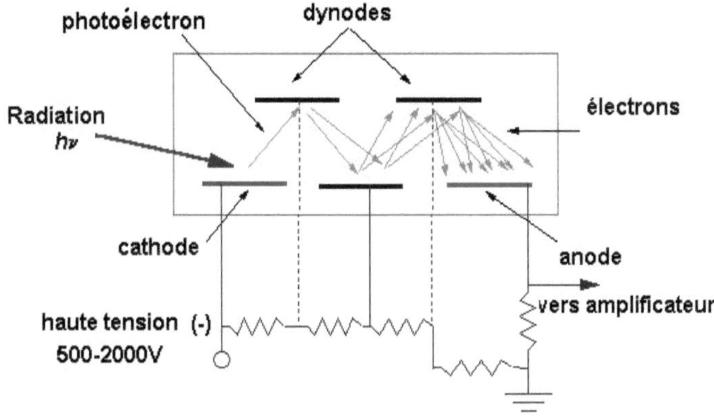

Figura 40: Fotomultiplicador

VII. Aplicações da espetroscopia UV-Visível

Análise qualitativa

Os espectros de UV fornecem geralmente pouca informação sobre a estrutura molecular dos compostos. No entanto, são utilizados quer para confirmação quer para identificação através de regras de ouro.

Análise quantitativa

A análise quantitativa por espetrometria UV-Visível é muito utilizada (muito mais do que a análise qualitativa) graças à utilização da lei de Béer-Lambert.

As aplicações incluem :

Determinação do ferro na água ou num medicamento

Determinação de moléculas activas numa preparação farmacêutica

Determinação de benzeno em ciclo-hexano

Outras aplicações

Outras aplicações incluem o controlo de qualidade ou a monitorização da cinética de reação, a determinação de constantes de dissociação de ácidos ou constantes de complexação, etc.

Apêndices: Tabelas de dados espectroscópicos
UV

APÊNDICE 1: Tabela de comprimentos de onda e cores do visível

Longueur d'onde de la radiation absorbée (nm)	Couleur perçue	Couleur de la radiation absorbée
400-435	jaune-vert	violet
435-480	jaune	bleu
480-490	orangé	vert-bleu
490-500	rouge	bleu-vert
500-560	pourpre	vert
560-580	violet	jaune-vert
580-595	bleu	jaune
595-625	vert-bleu	orangé
625-800	bleu-vert	rouge

APÊNDICE 2: Tabela de alguns valores de comprimento de onda e cor visíveis

Chromophore (dans UV)	Transition	λ_{max} / nm)	$\log(\varepsilon_{max})$	Polyène conjugué	Formule	λ max	$\log(\varepsilon_{max})$	Couleur
Alcène $C=C$	$\pi\text{-}\pi^*$	175	3,0	Ethène	C_2H_4	162	4,0	Incolore
Alcyne $C\equiv C$	$\pi\text{-}\pi^*$	180	1,5	Benzène	C_6H_6	180	4,8	Incolore
Aldéhyde - Cétone $C=O$	$\pi\text{-}\pi^*$ / $n\text{-}\pi^*$	180 / 280	3,0 / 1,5	Buta-1,3-diène	C_4H_6	217	4,3	Incolore
Acide carboxylique COOH	$n\text{-}\pi^*$	205	1,5	Hexa-1,3,5-triène	C_6H_8	258	4,5	Incolore
Nitro NO_2	$n\text{-}\pi^*$	271	< 1,0	Octa-1,3,5,7-tétraène	C_8H_{10}	296	4,7	Incolore
				-	$C_{10}H_{12}$	335	5,1	Jaune pâle
				-	$C_{16}H_{18}$	415	5,3	Orange
				-	$C_{22}H_{24}$	470	5,3	Rouge

APÊNDICE 3: TABELA DE DADOS ESPECTROSCÓPICOS <u>UV</u> _{max} <u>Regras de Woodward-Fieser: λ previsão para dienos conjugados em etanol</u>

homo-annulaire	hétéro-annulaire	en chaîne linéaire
253 nm	214 nm	217

Substituant	Incrément ajouté (nm)
Conjuguée supplémentaire	30
Double liaison exo-cyclique	5
Alkyle ou reste alkyle	5
-Cl, -Br	5
-OR	6
-S-R	30
-NR$_2$	60
-O-CO-R	0

APÊNDICE 4: TABELA DE DADOS ESPECTROSCÓPICOS <u>UV</u>

$_{max}$ Regras de Woodward-Fieser: λ previsão para compostos de carbonilo α,β-insaturado em etanol

Incréments	α	β	γ	δ
Alkyle	10	12	18	18
Cl	12	12	***	***
Br	25	30	***	***
OH	35	30	***	50
Alcoxy	35	30	17	31
O-CO-R	6	6	6	6
NR$_2$	***	95	***	***

- **X= H   λmax = 207nm**
- **X= Alkyle λmax = 215 nm**
- **X= OH, Alcoxy λmax=193 nm**
- C=C exo-cyclique, **5 nm**
- Une conjugaison supplémentaire,**30 nm**
- Diène homo-annulaire **39 nm** en tenant en compte des positions des substituants.

APÊNDICE 5: TABELA DE DADOS ESPECTROSCÓPICOS UV

$_{max}$ Regras de Scott: previsão de λ compostos carbonílicos aromáticos em etanol

Structure de base	R	Valeur de base (nm)
	H	250
	Alkyle ou Acyle	246
	O-alkyle	230
	OH	230

X	ortho	méta	para
Alkyle ou reste de cycle	3	3	10
-OH, -OR	7	7	25
-Cl	0	0	10
-Br	2	2	15
$-NHCOCH_3$	20	20	45
$-NR_2$	20	20	85
$-NH_2$	15	15	58

APÊNDICE 6: TABELA DE DADOS ESPECTROSCÓPICOS UV
Correcções com solventes

Solvente	Correção (nm)
Água	+ 8
Clorofórmio	- 1
Éter	- 7
Ciclo-hexano	- 11
Dioxano	- 5
Hexano	- 11

Capítulo III: Espectroscopia de infravermelhos (IV)

I. Noções básicas de espetrofotometria de infravermelhos (IV)

Esta técnica analisa as vibrações das ligações entre os átomos de uma molécula. Trata-se de uma espetroscopia de absorção.

1- Radiação infravermelha

A radiação infravermelha (IR) foi descoberta em 1800 por Frédéric Wilhelm Hershel. Esta radiação situa-se para além do comprimento de onda do vermelho, entre o espetro visível e as ondas de rádio.

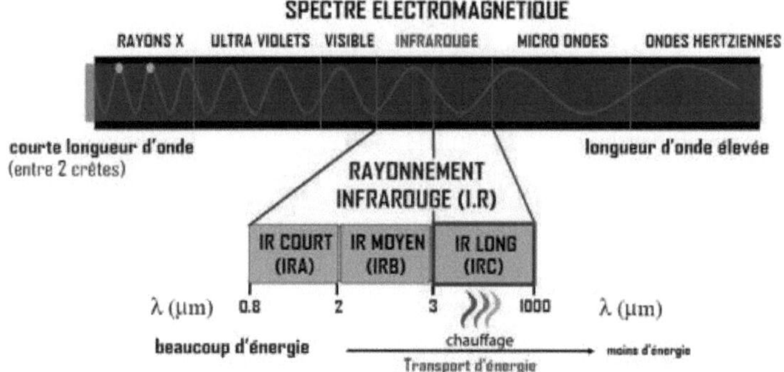

Figura 41: Representação esquemática do espetro eletromagnético

A gama do infravermelho estende-se de 0,8 μm a 1000 μm. Está arbitrariamente dividida em 3 categorias (Figura 42):

- O infravermelho próximo (0,8 a 2,5 μm ou 12500-4000 cm^{-1}),
- Infravermelhos médios (2,5 a 25 μm ou 4000-400 cm^{-1}) e
- O infravermelho distante (25 a 1000 μm ou 400-10 cm^{-1}).

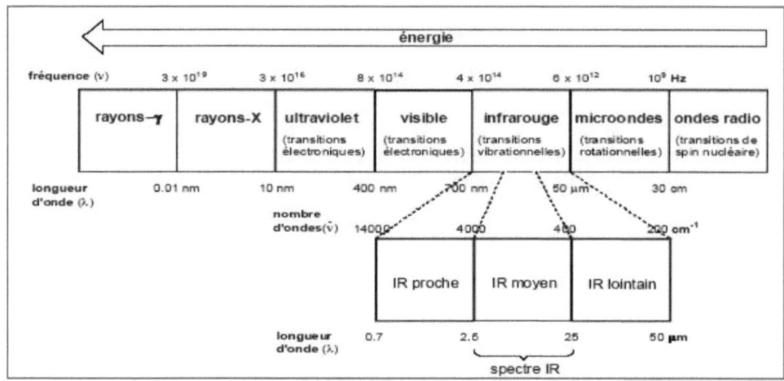

Figura 42: *Domínios IR no espetro eletromagnético*

Mais tarde (em 1924), descobriu-se que a energia da radiação infravermelha média coincide com a dos movimentos internos da molécula. Este facto sugere que existe uma relação entre a absorção da radiação infravermelha por uma molécula e a sua estrutura molecular.

A radiação infravermelha penetra facilmente na atmosfera. Esta propriedade é utilizada na fotografia aérea, para obter vistas panorâmicas em dias nublados. Os infravermelhos são também utilizados no aquecimento doméstico e industrial e na secagem de vernizes e tintas, madeira, couro, papel e película fotográfica, bem como na desidratação de frutos e legumes. Uma das aplicações militares mais importantes é a auto-orientação por infravermelhos para mísseis. Na terapia, os raios infravermelhos activam os processos celulares, nomeadamente a cicatrização.

A espetroscopia de IV é amplamente utilizada para determinar os grupos funcionais numa molécula.

Os movimentos dos átomos numa molécula podem ser classificados em três categorias:

- traduções
- rotações
- vibrações

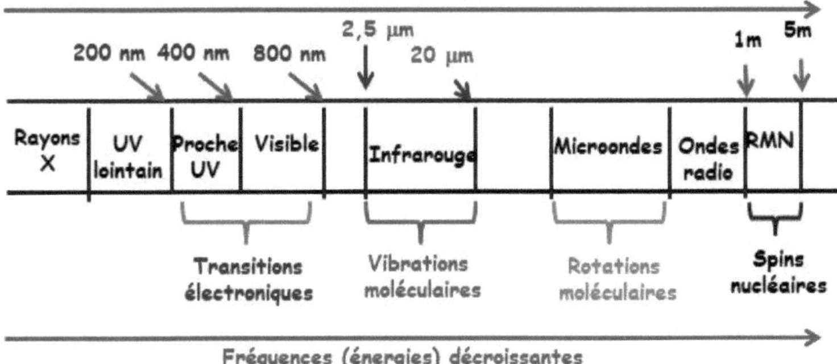

Figura 43: As três categorias de movimento dos átomos numa molécula

$_{RVE}$A energia mecânica de uma molécula isolada resulta da combinação de três termos quantificados independentes correspondentes à sua energia rotacional E , à sua energia vibracional E e à sua energia eletrónica molecular E . Os valores destas energias são muito diferentes.

$_{TRV}E = E + E + E_E$

$_0$Uma onda electromagnética de frequência v pode ser absorvida por uma molécula, que passará de um nível energético para outro.

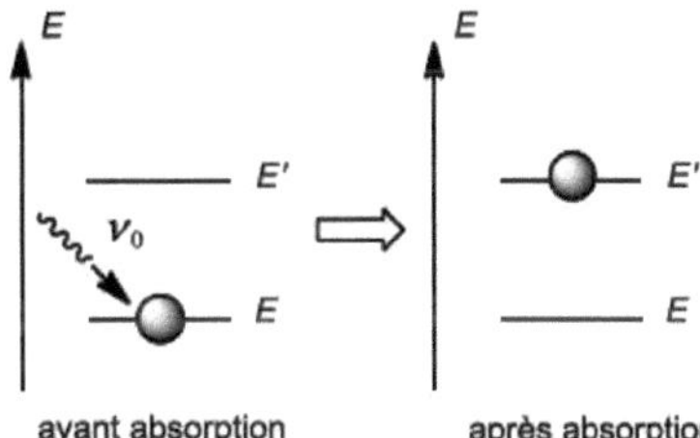

Figura 44: Representação esquemática da absorção de uma onda electromagnética

A absorção só é possível se a energia da onda corresponder à diferença de energia entre os dois níveis de energia:

$$E' - E = h\nu_0 = \frac{hc}{\lambda_0}$$

Figura 45: Diferença de energia entre os dois níveis de energia

As transições electrónicas têm lugar na gama UV-visível.

As transições vibracionais ocorrem na gama do infravermelho

→*Radiação UV-visível transição eletrónica*

→*Vibração de ligação por radiação IR*

Como a maioria das amostras se encontra na forma líquida ou sólida condensada e não em espécies isoladas, ocorrem numerosas interações dipolo-dipolo, que perturbam os níveis de energia e, por conseguinte, os comprimentos de onda de absorção. [-1]Como resultado, somos sempre confrontados com espectros constituídos por picos largos chamados bandas, que se podem estender por dezenas de centímetros e que nenhum instrumento consegue decompor em transições individuais.

[-1]A espetroscopia vibracional estuda as vibrações moleculares com transições na gama (30 - 13.000 cm). [RV]A energia dos fotões no infravermelho modifica tanto E como E . A molécula torna-se um oscilador-rotativo que dá origem a um espetro de vibração-rotativo molecular.

II. Estudo da vibração de uma molécula diatómica

1. Modelo de oscilador harmónico

1.1- Princípio

[-1-1-1]A energia infravermelha (produzida, por exemplo, por uma lâmpada incandescente) situa-se entre 20 μm e 2,5 μm para os espectros habitualmente utilizados pelos orgânicos, ou medida em números de onda entre 500 cm e 4.000 cm , o que corresponde a energias de cerca de 30 kJ-mol .

Esta energia não será suficiente para permitir uma transição eletrónica como na espetroscopia UV visível, mas uma varredura entre estes comprimentos de onda actuará sobre a vibração e a rotação das moléculas.

As moléculas não são rígidas e os átomos que as compõem podem vibrar uns em relação aos outros, formando vibradores. Para modelar as vibrações das ligações, recorremos ao oscilador harmónico. $_{AB}$Os dois átomos A e B unidos por uma ligação covalente são comparados a duas massas *m e m* respetivamente *de uma molécula A-B*, que estariam ligadas por uma mola de rigidez constante k. *Se chamarmos a k a* constante de mola desta "mola", então a frequência ν é dada pela lei clássica de Hooke demonstrada nas aulas de física elementar:

≡Oscilador harmónico de moléculas diatómicas:

μ^* massa (massa reduzida)

* Constante de força k

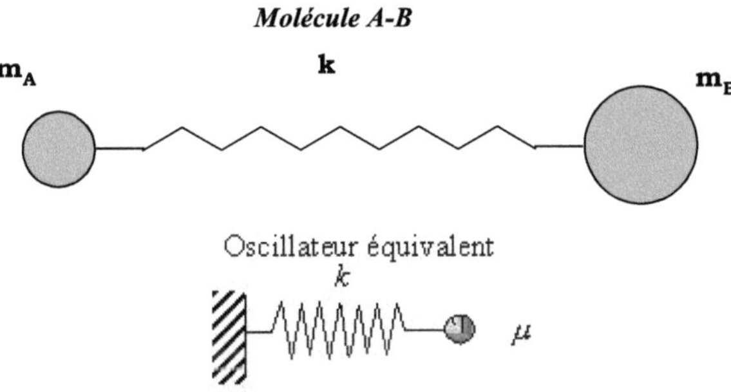

Figura 46: Molécula diatómica A-B ou oscilador harmónico equivalente

Frequência de oscilação segundo a lei de Hooke: As massas podem oscilar em torno da sua posição de equilíbrio com uma frequência dada pela lei de Hooke:

$$\upsilon = \frac{1}{2\pi}\sqrt{\frac{k}{\mu}},$$

Com:

$^{-1}$k: Constante de rigidez (constante de força da ligação) (N m)

μ: massa reduzida, calculada através da seguinte expressão:

$$\frac{1}{\mu} = \frac{1}{m_A} + \frac{1}{m_B}$$

$_{AB}$Sendo m e m as massas dos átomos A e B

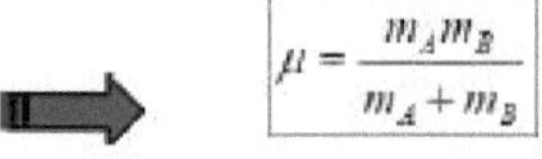

$$\mu = \frac{m_A m_B}{m_A + m_B}$$

Lembrando que o número de onda é dado pela fórmula:

$$\bar{v} = \frac{1}{\lambda} = \frac{v}{c}$$

Figura 47: Frequência dada pela lei de Hooke

Nota 1:

00Quando esta molécula diatómica é submetida à ação de uma onda electromagnética caracterizada pela frequência v , esta radiação será absorvida (fenómeno de ressonância) quando $v = v$.

Nota 2:

$^{-1}$O número de onda σ é o inverso do comprimento de onda λ expresso em cm .

Nota 3:

> A grandeza prática em espetroscopia vibracional é o número de onda.

$$\bar{v}\,[cm^{-1}] = \frac{1}{2\pi c}\sqrt{\frac{k}{\mu}}$$

Figura 48: Número de onda dado pela lei de Hooke

A frequência de Hooke ou frequência de vibração de uma ligação covalente depende da massa reduzida (massa dos átomos) e da constante de rigidez (natureza da ligação).

Na espetroscopia de infravermelhos, um comprimento de onda de absorção caracteriza frequentemente uma função.

A tabela seguinte apresenta uma ordem de grandeza das frequências de Hooke e os números de onda associados a algumas ligações covalentes.

Tabela 12: Massa reduzida μ, número de onda □□et constante de rigidez **k** de algumas ligações covalentes

Ligação	k (N m^{-1})	μ (Kg)	$\overline{\nu}$ (cm^{-1})
C-C	145 - 900	$9,96.10^{-27}$	640 - 1600
C=C	970	$9,96.10^{-27}$	1650
C-O	400 - 700	$1,14.10^{-27}$	1000 - 1300
C=O	1200	$1,14.10^{-27}$	1720

2. Espectro de rotação - vibração

Assume-se que os dois movimentos de rotação e vibração são independentes um do outro (rotador rígido e oscilador harmónico). Nestas condições, cada movimento mantém as suas caraterísticas:

<u>Níveis de energia</u>

<u>Números quânticos</u>

<u>Regras de seleção</u>

2.1. Energia vibracional

Este modelo pode ser utilizado à escala da ligação química, desde que o aspeto quântico que rege as espécies à dimensão atómica seja posto em jogo. Uma ligação cuja frequência vibracional é ν poderá absorver a radiação luminosa desde que a sua frequência seja idêntica.

νDe acordo com esta teoria, os valores possíveis da energia vibracional (E) são dados pela seguinte expressão:

$$E_V = h\upsilon\left(v+\frac{1}{2}\right)$$

Com:

v: Número quântico de vibração (número natural)

h: Constante de Planck ($6.625.10^{-34}$ j.s)

νA energia vibracional E também é expressa como:

$$E_V = \frac{h}{2\pi}\sqrt{\frac{k}{\mu}}\left(v+\frac{1}{2}\right) = \hbar\omega_0\left(v+\frac{1}{2}\right)$$

Com:

$\omega_0 = \sqrt{\dfrac{k}{\mu}}$ Pulsação associada à frequência de vibração

$$\textbf{Figura 49}: \text{Energia vibracional}$$

Comentários:

* À temperatura ambiente, as moléculas estão num estado não excitado ($v = 0$).

* Todas as energias vibracionais podem ser calculadas dando valores apropriados ao número quântico vibracional.

2.2 Energia de rotação

$_R$A energia de rotação E é expressa como :

$$E_R = \frac{h^2}{8\pi^2 I} J(J+1)$$

Com :   J: Número quântico de rotação (número natural)

I: Momento de inércia

$$\textbf{Figura 50}: \text{Energia de rotação}$$

Comentários:

* À temperatura ambiente, as moléculas estão num estado não excitado (J = 0).

* O conjunto de energias rotacionais pode ser calculado atribuindo valores apropriados ao número quântico rotacional.

2.3 Regras de seleção

As transições vibracionais e rotacionais são permitidas se respeitarem as regras de seleção ($\Delta v = 0, \pm 1$) e ($\Delta J = \pm 1$) :

$\Delta v = 0$: rotação pura

$\Delta v = -1$ e $\Delta J = \pm 1$: o espetro obtido é um espetro de emissão

$\Delta v = +1$ e $\Delta J = \pm 1$: o espetro obtido é um espetro de absorção

2.4. Estrutura fina

Assume-se que a molécula no estado fundamental é caracterizada pelas constantes quânticas J e v. No estado excitado, é caracterizada por J' e v'. Enquanto que no estado excitado é caracterizada por J' e v'.

Ao absorver radiação, as regras de seleção exigem que:

$\Delta v = +1$ e $\Delta J = \pm 1$: o espetro obtido é um espetro de absorção

A estrutura do espetro compreende duas séries de linhas ou dois ramos com as seguintes notações :

D → D+1: Ramo R (Rico)

J → J-1: P ramo (Rico)

A transição proibida J = 0 → J' = 0 (vibração pura) corresponde no espetro ao ramo Q. As transições possíveis são mostradas no diagrama de energia seguinte:

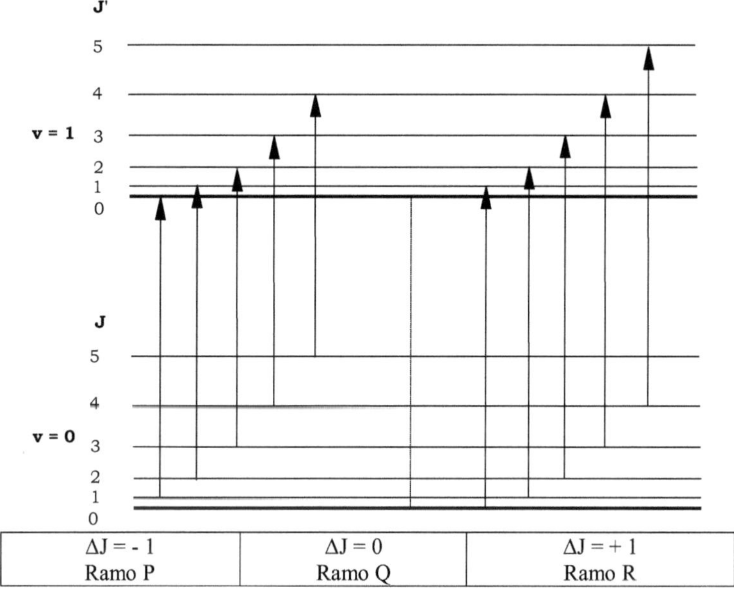

Figura 51: Diagrama energético das transições possíveis

2.5. Rotação - espetro de vibração

As transições rotação-vibração acima referidas conduzem a uma série de linhas representadas da seguinte forma:

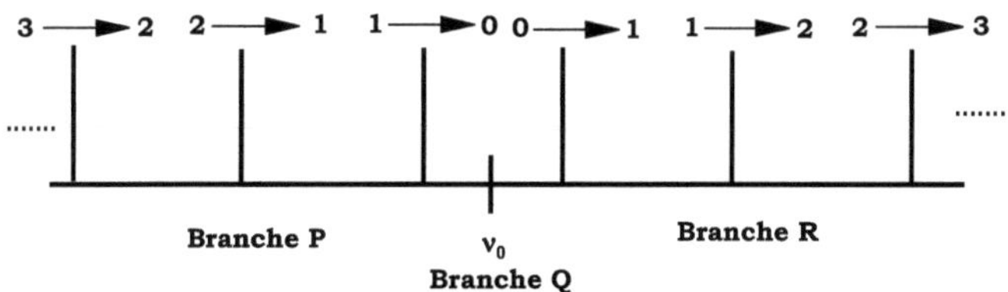

Figura 52: Espectro de rotação-vibração

Atenção:

As alturas das linhas não são iguais; as suas intensidades dependem das populações dos níveis de rotação em causa, que são função dos valores do número quântico rotacional J. De facto, um espetro de vibração-rotação tem o seguinte aspeto:

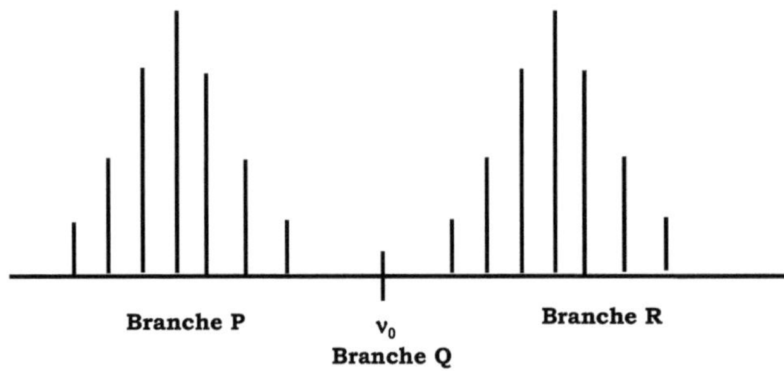

Figura 53: Exemplo de um espetro de rotação-vibração de HCl gasoso

3. Parâmetros que influenciam os números de onda

3.1 Influência da força de ligação

O primeiro passo é comparar a natureza da ligação com a frequência de Hooke. Se a ligação for mais rígida (k é maior), a frequência de vibração aumenta (o número de onda também aumenta).

<u>Efeito de k:</u>

Frequência de vibração proporcional a k;

Por exemplo:

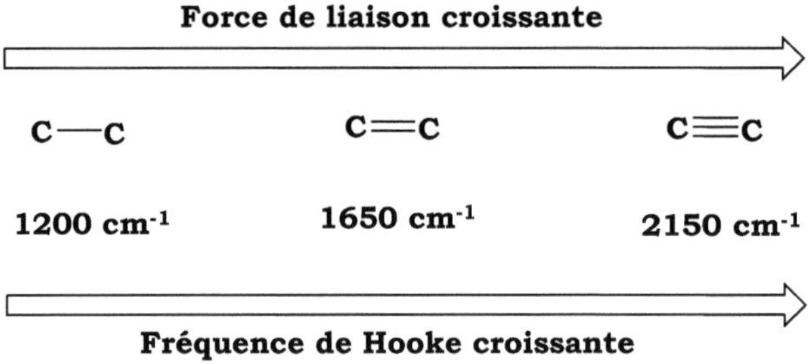

Figura 54: Efeito de k na frequência de vibração (frequência proporcional a k)

<u>Efeito do estado de hibridação do carbono:</u>

Por outro lado, a frequência de Hooke de uma ligação C-H depende do estado de hibridação do carbono. [3] A frequência de Hooke é elevada se o carbono estiver hibridizado com sp .

Por exemplo:

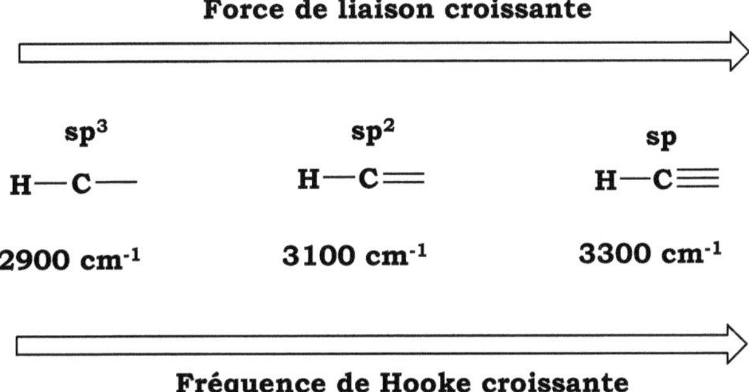

Figura 54: Efeito do estado de hibridação do carbono na frequência de vibração

3.2 Influência das massas atómicas

É apresentado a seguir um exemplo em que a massa dos átomos terá um efeito na frequência de Hooke.

<u>Efeito de μ:</u>

Frequência de vibração inversamente proporcional a μ:

Por exemplo:

$\overline{V}$ **Quadro 13**: Efeito de μ na frequência de vibração (inversamente proporcional a μ)

Ligação	$_2$m (g)	μ (g)	$\overline{V}$ ⁻¹(cm)
C-H	1	0,923	3300
C-C	12	6,000	1200
C-O	16	6,857	1100
C-Cl	35,5	8,968	800
C-Br	80	10,43	550
C-I	127	10,96	500

3.3 Influência da polarização da ligação

Apenas as vibrações que envolvem uma variação no momento de dipolo da molécula são observadas no infravermelho. Como resultado, a vibração de ligações polarizadas dará origem a bandas intensas, enquanto as bandas de ligações não polarizadas serão pouco ou nada visíveis.

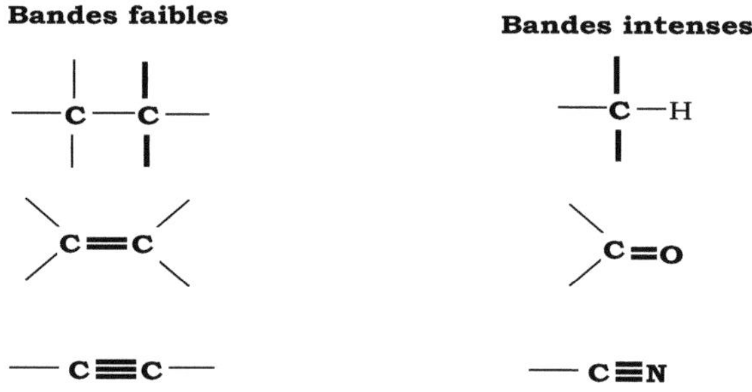

Figura 54: Efeito da polarização na intensidade da banda

III. Vibrações de moléculas poliatómicas

No caso das moléculas poliatómicas, o número de ligações aumenta e a geometria das ligações torna-se complexa. De acordo com a teoria vibracional, uma molécula com N átomos tem 3N-6 graus de liberdade vibracionais e 3N-5 para moléculas lineares.

Apenas as ligações com um momento elétrico de dipolo oscilante são activas no infravermelho.

Cada modo de vibração tem a sua própria frequência fundamental e várias outras frequências associadas a harmónicos.

Além disso, é frequente observarmos interações entre os modos vibracionais de uma determinada ligação e os de outras ligações. Estas interações resultam no aparecimento de bandas combinadas.

1. Modo de vibração normal

Um modo normal de vibração é aquele em que todos os átomos da molécula vibram à mesma frequência e passam simultaneamente pela sua posição de equilíbrio. Durante a vibração, o centro de gravidade da molécula permanece inalterado.

2. Tipos de modo de vibração normal

2.1. Vibração de alongamento (ou de valência)

É a vibração que existe entre dois átomos idênticos ou diferentes. Depende das massas dos átomos e da força da ligação. Pode ser simétrica ou assimétrica.
₂**Exemplo**: Modo de vibração de alongamento de um grupo (-CH -).

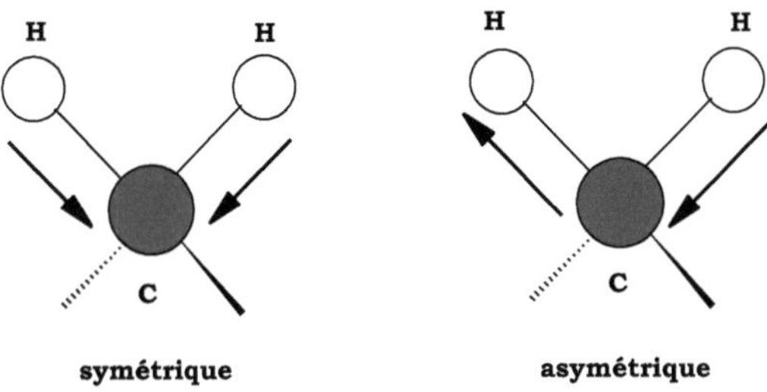

₂**Figura 55**: Modo de vibração de alongamento de um grupo (-CH -)

2.2. Vibração de deformação angular

Esta é a variação angular entre dois elos.
₂**Exemplo**: Modo de vibração da deformação angular de um grupo (-CH -) no plano:

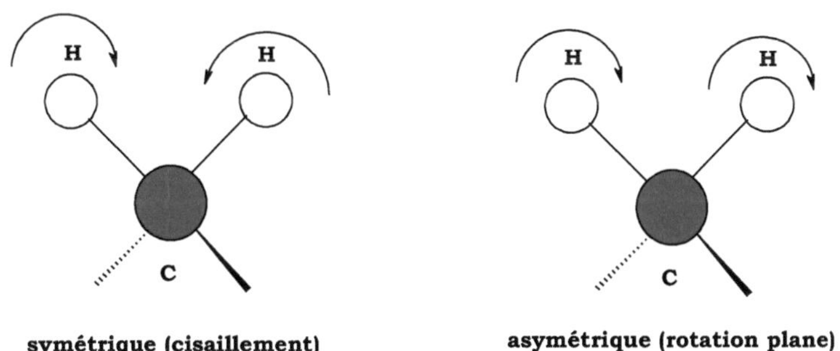

₂**Figura 55**: Modo de vibração da deformação angular de um grupo (-CH -) no plano

Fora do plano:

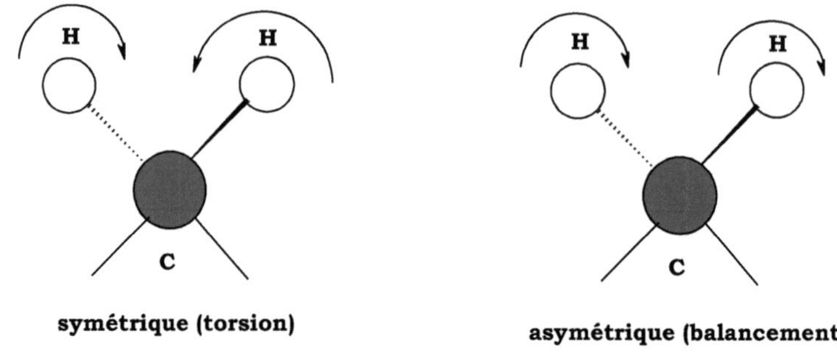

2**Figura 56**: Modo de vibração da deformação angular de um grupo (-CH -)

2.3 Frequências caraterísticas

Diz-se que uma frequência é caraterística quando está presente em todos os compostos que contêm o mesmo elemento estrutural.

—32Por exemplo, as vibrações de valência das ligações C H em compostos que contêm grupos CH , CH , CH têm frequências caraterísticas específicas para estes grupos, cujas frequências e intensidades esperadas são dadas na tabela abaixo:

32**Quadro 14**: Intensidades e frequências caraterísticas das bandas ligadas ao CH , CH , CH

Grupo	Vibração	Frequência	Intensidade de IV
— CH_3	$\nu_{a3}(CH)$	$\pm 2962\ 10\ cm^{-1}$	Forte
— CH_2	$\nu_{a2}(CH)$	$\pm 2926\ 10\ cm^{-1}$	Forte
— CH	$\nu(CH)$	$\pm 2890\ 10\ cm^{-1}$	baixo
— CH_3	$\nu_{s3}(CH)$	$\pm 2872\ 10\ cm^{-1}$	Forte
— CH_2	$\nu_{s2}(CH)$	$\pm 2853\ 10\ cm^{-1}$	Forte

32 O espetro de IV do n-octano mostra claramente as 4 absorções correspondentes às vibrações de valência dos grupos CH e CH (Figura 57).

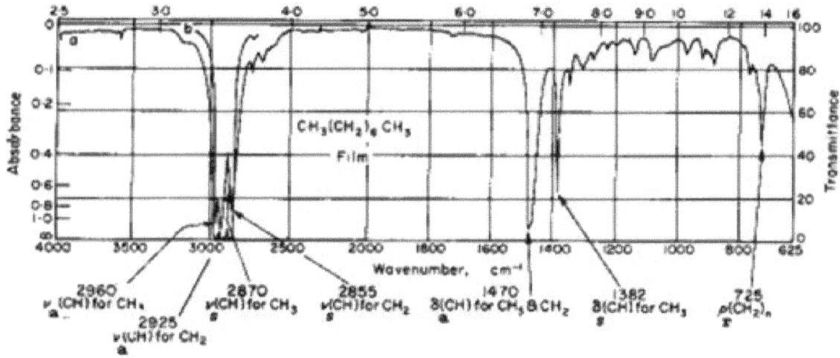

Figura 57: Espectro de infravermelhos do *n-octano* no estado líquido

3. Vibrações activas ou inactivas - vibrações degeneradas

➢ Nem todos os movimentos vibratórios estão activos nos infravermelhos.

➢ No entanto, é importante notar que uma ligação com momento de dipolo nulo não dará qualquer sinal na espetroscopia de infravermelhos. O O=O do dioxigénio, por exemplo, não terá bandas activas no infravermelho, enquanto o etileno apresentará sinais devidos às ligações C-H, mas a ligação dupla C=C não estará ativa, uma vez que o seu momento de dipolo é zero devido à simetria da molécula.

➢ Vibração ativa na espetroscopia de IV: variação do momento de dipolo

➢ Modos duplamente ou triplamente degenerados: Modos com a mesma frequência de vibração

As moléculas homonucleares, como o H₂, O₂ (ver figura 58), não têm momento de dipolo e, qualquer que seja a distância internuclear, não interagem com o campo elétrico oscilante.

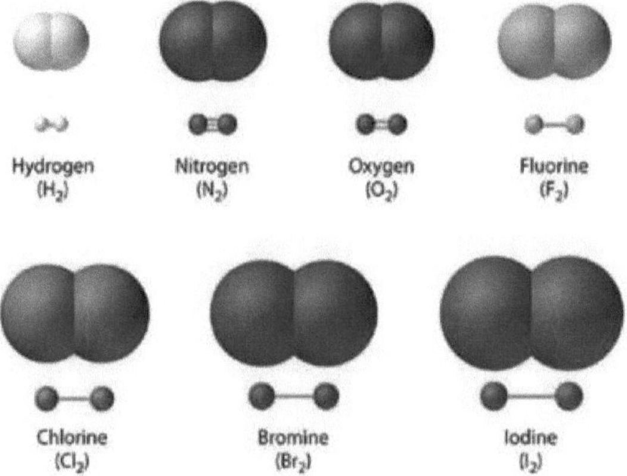

Figura 58: Lista dos elementos diatómicos.

4. Espectro de infravermelhos

> Espectro de IV = uma série de bandas de absorção de largura variável

$>^{-1}$ A bscissa: cm e ordenada: Transmitância (%T) ou Absorvância A = log(1/T)

Deve notar-se desde já que o espetro de infravermelhos de uma molécula orgânica, com as suas muitas ligações, é complexo e geralmente não pode ser totalmente interpretado.

$^{-1}$Os espectros de IV são geralmente registados com o recíproco do comprimento de onda λ expresso em cm, ou o número de onda σ, como abcissa; λ expresso varia entre 25 e 2,5 µm, σ varia entre aproximadamente 400 e 4000 cm .

$$\lambda = \frac{c}{v} \qquad \frac{1}{\lambda} = \frac{v}{c} = \sigma$$

Na ordenada, a transmitância T, ou a sua percentagem, é representada para cada radiação:

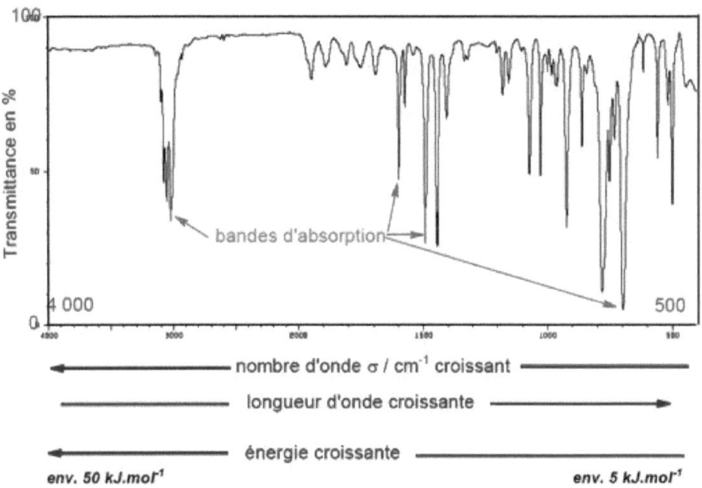

Figura 59: A forma de um espetro de infravermelhos

➢ Certas vibrações fundamentais estão ausentes do espetro de IV devido à sua <u>inatividade</u>.

➢ Mas aparecem <u>outras bandas </u>de absorção.

Para cada transição vibracional, uma multiplicidade de transições rotacionais é provocada pela luz de excitação, dando ao pico da transição vibracional o aspeto de uma banda de absorção (Figura 60).

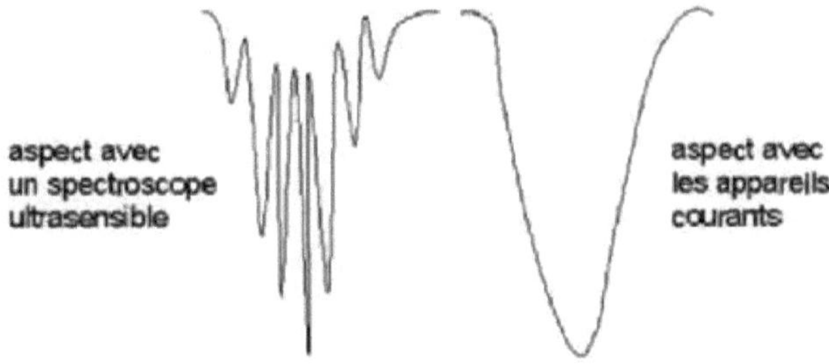

Figura 60: Aspeto das bandas de absorção.

5. Tipos de movimentos vibratórios e notações.

Para uma molécula diatómica (CO, HCl...), a única vibração possível é a vibração de valência, ou seja, a que ocorre ao longo da ligação.

O problema torna-se mais complicado no caso das moléculas poliatómicas, porque as vibrações de deformação serão adicionadas às vibrações de valência já presentes nas moléculas diatómicas. As vibrações de deformação requerem menos energia do que as vibrações de valência.

6. Consequências

Um espetro de infravermelhos é obtido colocando a amostra numa célula, normalmente feita de NaCl ou KBr. $^{-1}$O espetro de infravermelhos indica geralmente a transmitância em função do número de onda entre 4000 e 200 cm

.

A transmitância é igual à percentagem da radiação incidente que atravessou a célula de medição. $^{-1}$O número de onda (expresso em cm) é igual ao inverso do comprimento de onda.

Para interpretar este espetro, são utilizadas tabelas que indicam as gamas de absorção caraterísticas das diferentes funções químicas.

Na gama de varrimento, é habitual distinguir essencialmente três regiões principais num espetro de IV:

$^{-1-1}$Primeira região (4.000 cm - 1.500 cm): Zona funcional, onde se encontram as bandas correspondentes às transições vibracionais da maioria dos grupos funcionais (R-C-H, R-OH, R-N-H, R-CH=O, RCO-R, R-COOH,.......).

$^{-1-1}$Segunda região (1500 cm - 1000 cm): Impressão digital, esta é uma região com muitas bandas pequenas correspondentes às transições vibracionais de deformação. Esta região é totalmente caraterística da molécula.

Terceira região (1000-400 cm-1): Esta é uma região de baixa energia, onde vemos principalmente transições de deformação fora do plano nas ligações C-H de alcenos e compostos aromáticos. Esta região é, de facto, menos importante do que as duas anteriores.

A tabela abaixo mostra algumas bandas de IV que representam vibrações de valência significativas.

Tabela 15: Algumas vibrações de valência importantes

Ligações	$^{-1}$Gama de frequências (cm)	Intensidade[a]

	Número de onda (cm⁻¹)	Intensidade[a]
—C–H	2850-2980	m-f
=C–H	3010-3040 ~3330	m f
—O–H	3550-3450 (OH gratuito) 3100-3550 (com destino a OH)[c]	m-f
—N–H	3300-3500	m
—C–O—	1000-1260	m
—C–N	1020-1360	m
C=C	1650-1675	fa-m
C=O [b]	~1660 (amida) 1705-1725 (cetona) 1720-1740 (aldeído) ~1750 (éster) ~1760 (ácido carboxílico)	f f f f f
—C≡C—	2100-2260	fa-m
—C≡N	2200-2400	m

[a] fa = fraco, m = médio, f = forte

[b] as energias (ou seja, os números de onda) podem ser reduzidas com conjugações

[c] envolvidos numa ligação de hidrogénio

7. Vibrações de grupo

Os grupos de uma molécula (C=O, C-O, O-H, C-N, N-H, etc.) podem ser excitados quase independentemente do resto da molécula.

⁻¹A ligação O-H, presente nos álcoois, ácidos carboxílicos e fenóis, produz uma banda larga a cerca de 3500 cm. A forma e a posição da banda são sensíveis à diluição e à natureza do solvente, devido à existência de ligações *de hidrogénio* que modificam a energia da ligação O-H.

$^{-1-1}$A ligação C-H produz uma banda fina entre 2800 cm e 3000 cm, mas esta zona fornece pouca informação, dada a frequência com que estas ligações existem em moléculas orgânicas. $^{-1-1}$Duas absorções caraterísticas são a ligação C-H no grupo CHO-formil de um aldeído, que absorve a cerca de 2800 cm, e a ligação [H-C]□C num alquino terminal, a cerca de 3300 cm.

$^{-1}$A ligação tripla C□N, presente nos nitrilos, produz uma banda fina a cerca de 2250 cm. $^{-1}$Do mesmo modo, a ligação tripla assimétrica C□C, presente nos alcinos, absorve a cerca de 2150 cm .

$^{-1-1}$A ligação dupla C=O do grupo carbonilo produz uma banda fina a cerca de 1700 cm para aldeídos, cetonas e ésteres, e a cerca de 1800 cm e acima para cloretos ácidos e anidridos. $^{-1}$A conjugação reduz o comprimento de onda de absorção em cerca de 30 cm.

$^{-1}$As ligações duplas C=C em anéis aromáticos e não-alcenos (grupo vinílico) produzem bandas finas a cerca de 1600 cm.

$^{-1-1}$A única ligação C-O presente em ésteres, epóxidos, éteres e álcoois dá origem a uma banda fina entre 1000 cm e 1300 cm, que é difícil de identificar com certeza.

A tabela anterior pode ser utilizada para atribuir absorções aos diferentes grupos químicos presentes.

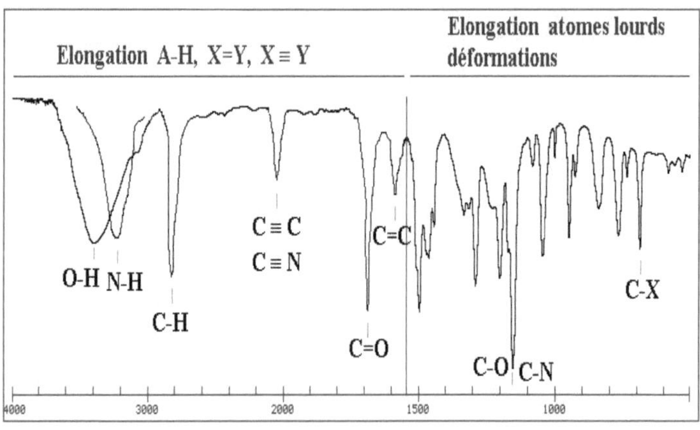

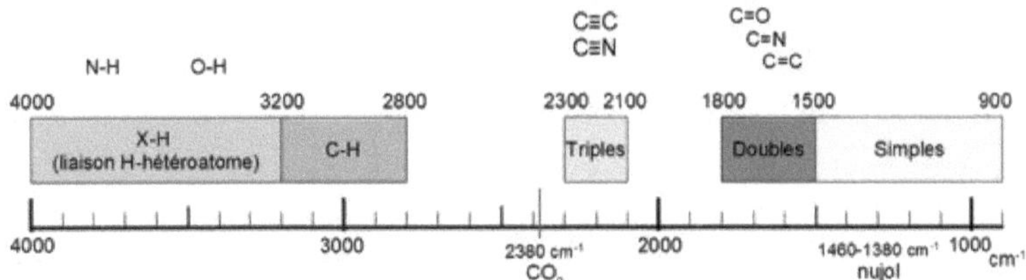

Figura 61: Absorção de grupos no infravermelho

IV. Análise funcional

➢ Determinar os grupos funcionais de uma molécula: álcool, aldeído, cetona, ácido, etc.

➢ Determinação das ligações entre os carbonos de uma cadeia: cadeia saturada ou insaturada, carácter aromático de uma molécula, etc.

1. Alcanos

Os espectros de IV dos alcanos mostram as bandas das vibrações de alongamento v e de deformação δ das ligações C-H e C-C.

δ(C-C) aparecem no intervalo $\bar{v} < 500$ cm^{-1}, nem sempre são observados.

v(C-C) aparecem no intervalo de 1200-800 cm^{-1}.

Como são fracas, estas bandas não ajudam à identificação.

δ(C-H) aparecem na gama 1475-1340 cm^{-1}, são de grande intensidade.

v(C-H) aparecem na gama 3000- 2840 cm^{-1}, são de grande intensidade.

Tabela 16: Algumas bandas de vibrações de alongamento v e de deformação δ de ligações C-H.

	CH$_3$	CH$_2$
v_{as}	2962 cm^{-1}	2926 cm^{-1}
v_s	2872 cm^{-1}	2853 cm^{-1}
δ_{as}	1450 cm^{-1}	1465 cm^{-1}
δ_s	1375 cm^{-1}	

• Considere o espetro de infravermelhos do octano.

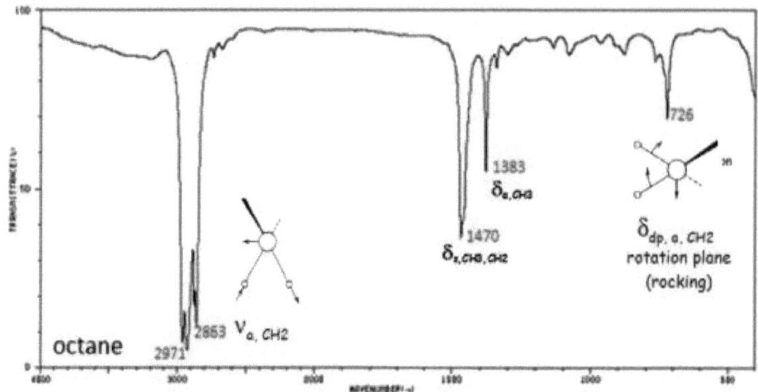

Figura 62. Espectro de IV do octano.

Entre 2840 cm^{-1} e 3000 cm^{-1}, podem ser observadas as vibrações de alongamento da ligação C-H:

ν_{as3} (CH$_{as2}$) = 2971 cm^{-1},   e ν (CH) = 2863 cm^{-1}

A cerca de 1400 cm^{-1}, estas são as bandas com vibrações de deformação no plano da ligação C-H:

ν_{as3} (CH) = 1450 cm^{-1}, $_{as3}$ (CH) = 1383 cm^{-1}, $_{s3\,2}$ $_{as2}$ (CH, CH) = 1465 cm^{-1}, e a cerca de 800 cm^{-1}, δ (CH) = 726 cm^{-1}

• Considere o espetro de IV do hexano.

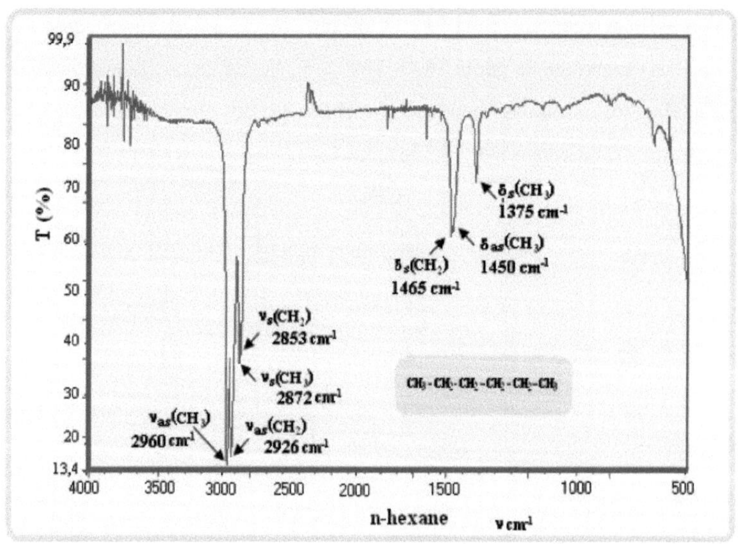

Figura 63: Espectro de infravermelhos do n-hexano

$^{-1-1}$Entre 2840 cm e 3000 cm , podem ser observadas as vibrações de alongamento da ligação C-H:

$_{as3}^{-1}$ $\qquad$ $_{as3}\square$ (CH) = 2960 cm ν (CH) = 2872 cm^{-1}

$_{as2}^{-1}$ $\qquad$ $_{as2}\square$ (CH) = 2926 cm ν (CH) = 2853 cm^{-1}

$^{-1}$A cerca de 1400 cm, estas são as bandas com vibrações de deformação no plano da ligação C-H:

$_{as3}^{-1}\square$ (CH) = 1450 cm , $\quad$ $_{s3}^{-1}{}_{s2}\square$ (CH) = 1375 cm , e δ (CH) = 1465 cm^{-1}

2. Alcanos cíclicos

$^{-1}$A banda de vibração de alongamento da ligação **C-H**, ν(C-H) aparece no intervalo 3000-2990 cm . O aumento da tensão no anel aumenta a frequência vibracional.

Se não houver tensão, a banda de vibração de alongamento de frequência ν(C-H) aparece na mesma frequência para um anel e um alifático.

No caso de δ (C-H), a ciclização reduz a frequência de vibração

Por exemplo:

	Ciclo-hexano	hexano
δ (C-H)	$^{-1}$1452 cm	1465 cm^{-1}

3. Alcenos

São possíveis três bandas vibracionais: ν (C=C), ν (C-H) e δ (C-H). As frequências vibracionais dependem do modo de substituição do alceno e da conformação (cis e trans).

$\qquad$ $^{-1}$ν (C=C): 1680-1610 cm

$\qquad$ $^{-1}$ν (C-H): 3095-3010 cm

$\qquad$ δ (C-H) : 1000-650 cm^{-1}

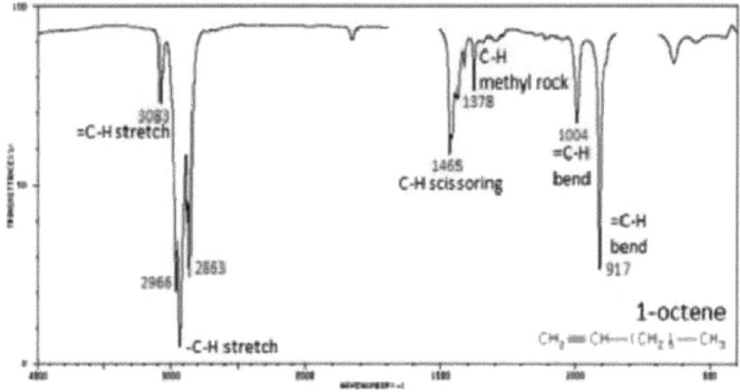

Figura 64: Espetro de infravermelhos do 1-octeno.

4. Alcinos

Considere o espetro do hex-1-ino, as bandas caraterísticas dos alcinos são:

ν (HC≡CH): 2100-2260 cm^{-1}

ν (C-H): 3330-3267 cm^{-1}

δ (C-H): 700-610 cm^{-1}

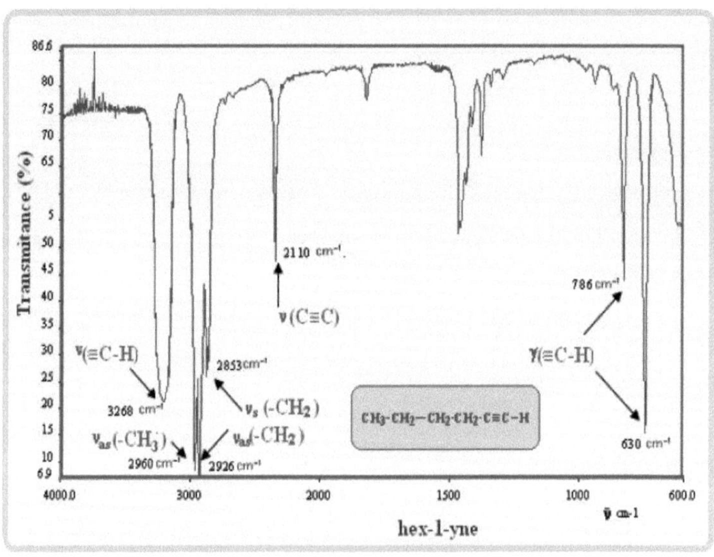

Figura 65: Espectro de infravermelhos do hex-1-ino

78

Para além das bandas apresentadas no espetro anterior, existem novas bandas com frequências :

$\equiv$Em torno de 3268 cm^{-1} , vibração de alongamento (C-H) de grande intensidade; esta banda aparece no caso de um alcino monossubstituído.

$\equiv$Cerca de 2110 cm^{-1} , vibração de alongamento fraco (C C)

$\equiv$Em torno de 786 cm^{-1} e 630 cm^{-1}, vibração de deformação (C-H)

5. Composto aromático monossubstituído

Os aromáticos têm bandas vibracionais com as quais podem ser facilmente identificados:

ν(C=C): 1600-1500 cm^{-1}

ν(C-H): 3100-3010 cm^{-1}

δ(C-H): 900-690 cm^{-1}

A posição destas bandas depende da substituição do anel e, por conseguinte, do número de Hs vizinhos.

Tabela 17: Algumas bandas vibracionais de aromáticos com diferentes substituições

Grupo	Banda δ (C-H)	Grau de substituição
5 H vizinhos	710-685 cm^{-1}	mono substituição
4 H vizinhos	760-740 cm^{-1}	1.2 substituição de di
3 H vizinhos	800-770 cm^{-1}	Ordenação das substituições 1,2,3
2 H vizinhos	840-800 cm^{-1}	1.3 substituição de di tetra substituição 1,3,4 tri-substituição 1.4 substituição de di
1 H vizinho	900-800 cm^{-1}	

• Considere o espetro de IV do tolueno:

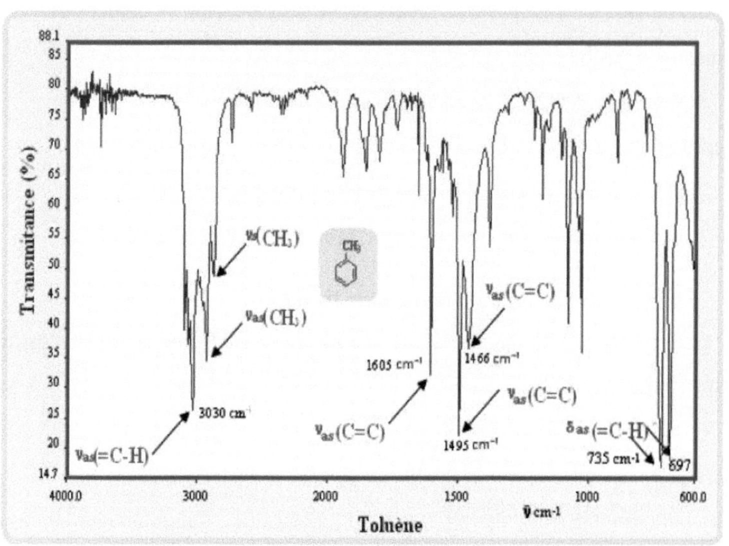

Figura 66: Espectro de infravermelhos do tolueno

$_{as3}{}^{-1}{}_{s3}\square$ (CH) = 3008 cm   e ν (CH) = 3000 cm^{-1}

$_{as}{}^{-1-1-1}\square$ (C=C) = 1605 cm , 1495 cm e 1466 cm : bandas de alta intensidade, correspondentes às vibrações de alongamento do esqueleto aromático.

$_{as}{}^{-1}\square$ (=C-H) = 735 e 697 cm : bandas de alta intensidade, atribuídas aos modos de deformação fora do plano dos 5 átomos de hidrogénio adjacentes.

• Em geral:

No caso de um benzeno di-substituído, três regiões são de particular interesse:

$^{-1}$3030 cm : vibração de alongamento do fenilo H

$^{-1-1}$1500 cm - 2000 cm: vibração de alongamento do esqueleto aromático

$^{-1-1}$650 cm - 1000 cm: a banda de vibração de deformação das fors no plano das ligações C-H é muito útil para identificar os isómeros dos aromáticos poli-substituídos.

É dada a ordem de grandeza das vibrações fora do plano das ligações C-H para anéis de benzeno di-substituídos.

Composto   oto   meta

para

$^{-1}$v (cm)   730 - 770   750 - 810   800
- 860

• **Exemplo**: Compostos de para e meta tolueno

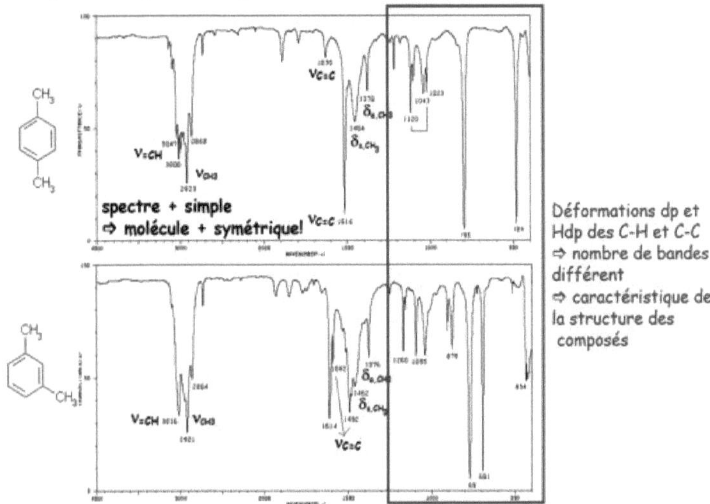

Figura 67: Caraterísticas estruturais dos compostos de para- e meta-tolueno

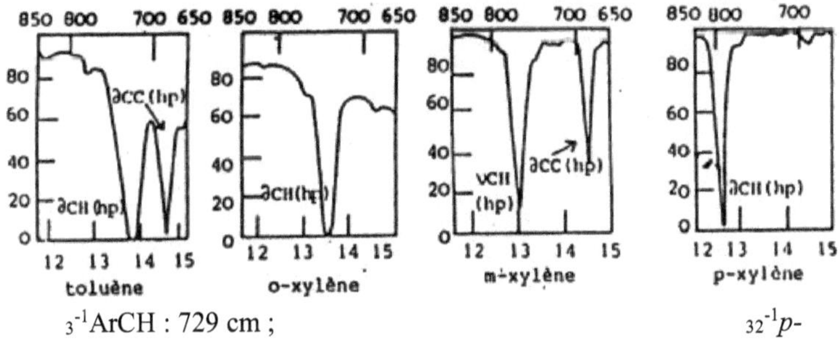

$_3$$^{-1}$ArCH : 729 cm ; $_{32}$$^{-1}$p-

Ar(CH) : 790 cm ;

Figura 68: Vibrações dos derivados do benzeno na zona dos 900-700 cm^{-1}

$_2$$^{-1-1}$$_2$- ArNO : 729 cm ; ArCOOH: 808 cm ; p-ArCl : 880 cm^{-1}

• **Exemplo**: Grande pegada de compostos de para- e meta-tolueno

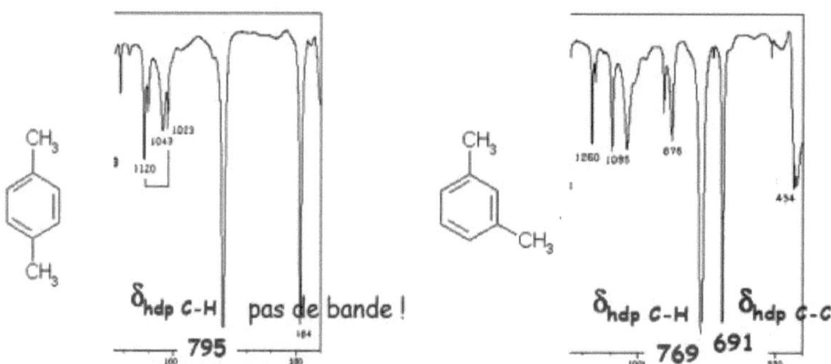

Figura 69: Zona de impressão digital dos compostos de para- e meta-tolueno

• **Exemplo**: Grande pegada de compostos de para- e meta-tolueno (continuação)

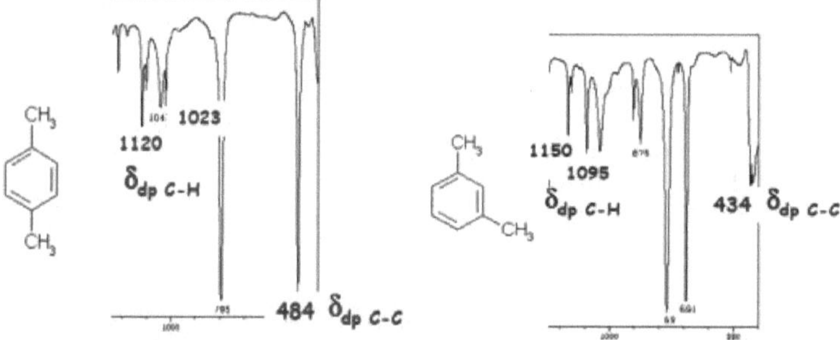

Figura 70: Zona de impressões digitais de compostos de para- e meta-tolueno (continuação)

♣♣ Resumo

A tabela seguinte resume a ligação C-H:

Tabela 18: Vibrações C-H de alcanos, alcenos, alcinos e aromáticos

Ligação	Tipo de composto	Modo de vibração	$\bar{v}$	Intensidade
C-H	Alcanos	v	2970-2850 cm^{-1}	Forte
		δ	1470-1340 cm^{-1}	Forte
C-H	Alcenos	v	3095-3010 cm^{-1}	Média
		δ	995-675 cm^{-1}	Forte

82

C-H	Alcinos	ν δ	$^{-1}$3330-3267 cm 700-610 cm^{-1}	Forte Forte
C-H	aromáticos	ν δ	$^{-1}$3100-3010 cm 900-690 cm^{-1}	Média Forte

6. Álcoois e fenóis

As bandas caraterísticas provêm dos alongamentos ν(O-H) e ν(C-O) e da deformação δ (O-H).

Vibração de alongamento ν (O-H): estas bandas vibracionais são muito amplas e caraterísticas da função álcool.

$^{-1}$Os OH livres absorvem intensamente entre 3700-3584 cm .

OH estão frequentemente envolvidos em ligações de pontes de hidrogénio, o que afecta a frequência vibracional de ν (O-H).

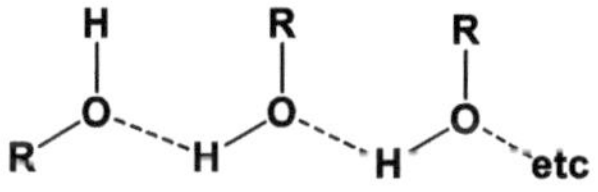

Liaison H intermoléculaire

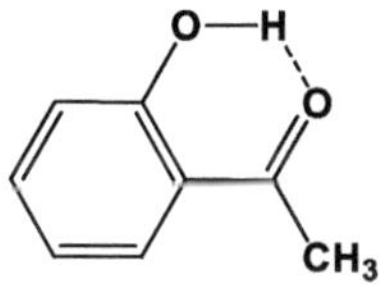

Liaison H intramoléculaire

Figura 71: Diagrama das ligações de hidrogénio intermoleculares e intramoleculares

$^{-1}$Vibração de alongamento ν (C-O): 1260-1000 cm .

$^{-1}$Vibração de deformação δ (O-H): no plano: 1420-1330cm e fora do plano: 769-650cm^{-1}

As bandas caraterísticas das ligações C-O e O-H, consoante o tipo de álcool, estão resumidas no quadro seguinte:

Tabela 19: Vibrações dos álcoois (I, II e III) e do fenol

	Álcool I	Álcool II	Álcool III	Fenol
O-H^{-1}□ (cm)	1208	1355	Por volta de 1380	1360

| $O\text{-}H^{-1}$ □ (cm) | 1017 | 1138 | Cerca de 1160 | 1223 |

• Considere o espetro de infravermelhos do etanol:

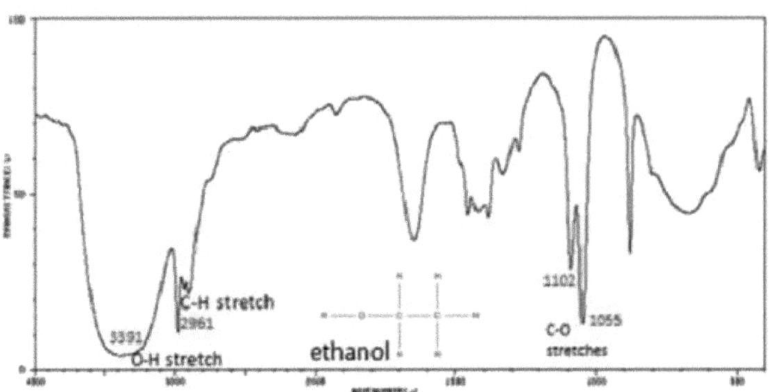

Figura 72: Espectro de infravermelhos do etanol

• Considere o espetro de infravermelhos do butanol:

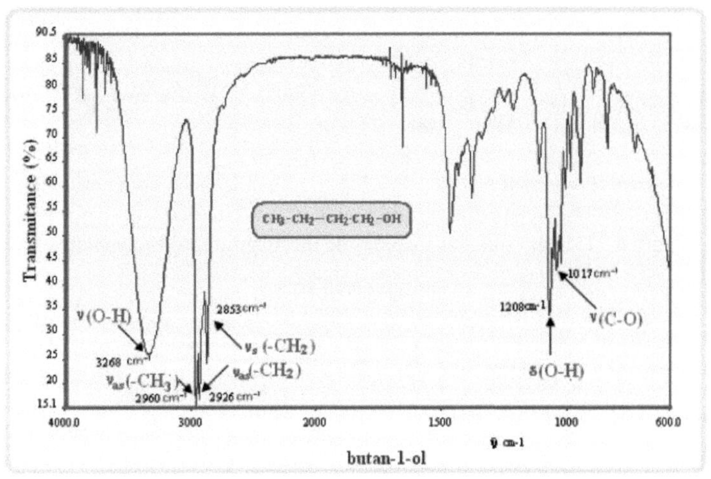

Figura 73: Espectro de infravermelhos do butanol

$^{-1-1}$No caso do álcool, existe uma banda larga situada entre 3200 cm e 3400 cm .

O espetro é essencialmente :

$^{-1}$Uma banda larga em torno de 3268 cm atribuída à vibração de alongamento simétrico O-H.

84

$^{-1}$Uma vibração de deformação a cerca de 1208 cm correspondente à ligação O-H.

$^{-1}$Uma vibração de alongamento assimétrica a cerca de 1017 cm correspondente à ligação O-H.

7. Éter

$^{-1-1}$A resposta caraterística dos éteres está associada ao alongamento do sistema C-O-C. Existe uma banda de alongamento simétrica em torno de 1030 cm e uma banda de alongamento assimétrica que é sempre forte em torno de 1200 cm.

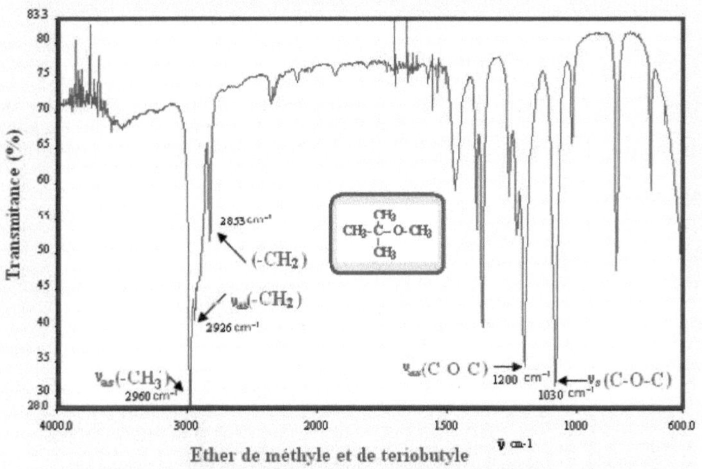

Figura 74: Espectro de IV de um éter

8. Cetonas e aldeídos

$^{-1}$A função carbonilo é uma das funções que pode ser caracterizada muito facilmente por infravermelho, pela vibração de alongamento C=O que apresenta uma banda muito intensa e fina entre 1870-1540 cm .

Caracterizam-se também pela vibração de alongamento e deformação do C-CO-C no intervalo 1300-1100 cm.$^{-1}$

No caso dos aldeídos, temos também a vibração de alongamento v (C-H): 2900-2695 cm^{-1}

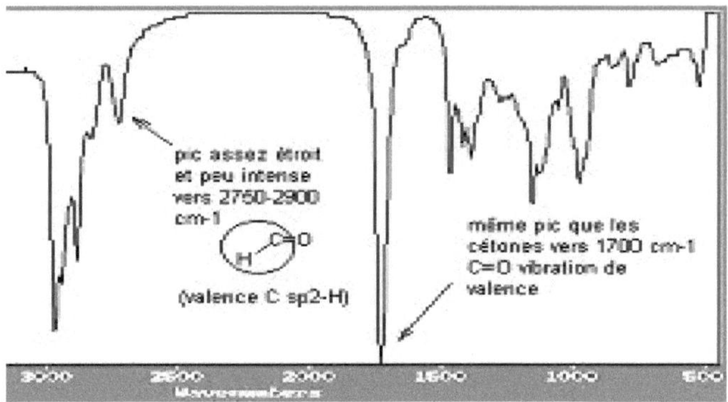

Figura 75: Espectro de IV de um aldeído

♣ Espectro de infravermelhos da butanona

$^{-1}$Todos os compostos orgânicos com um grupo carbonilo apresentam uma banda intensa a cerca de 1700 cm. Esta é a banda mais intensa e mais nítida no infravermelho.

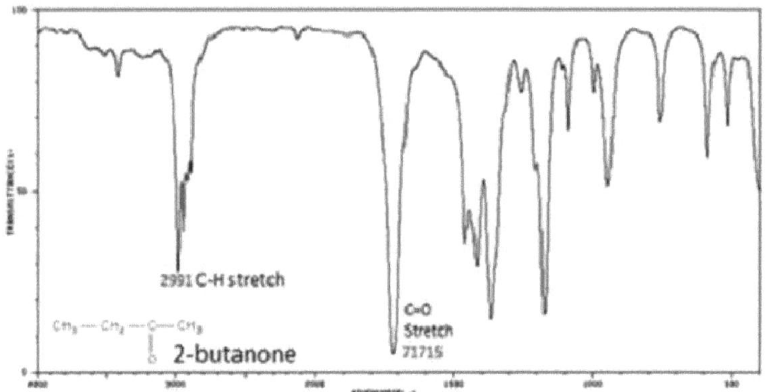

Figura 76: Espectro de infravermelhos da butan-2-ona

♣ Espectro de infravermelhos do butanal

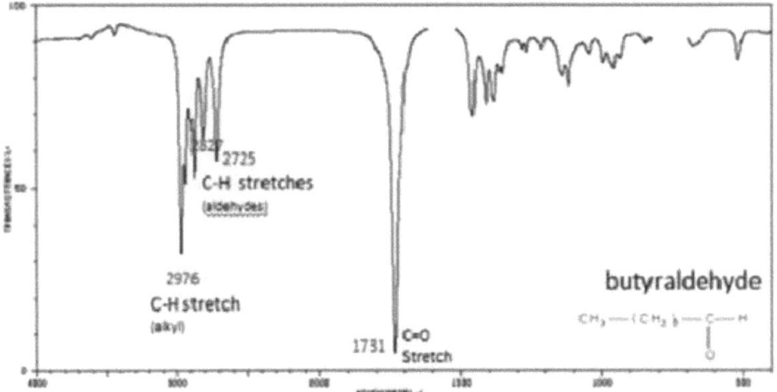

Figura 77: Espectro do butanal

⚘ Espectro de infravermelhos do 2-metilpropanal

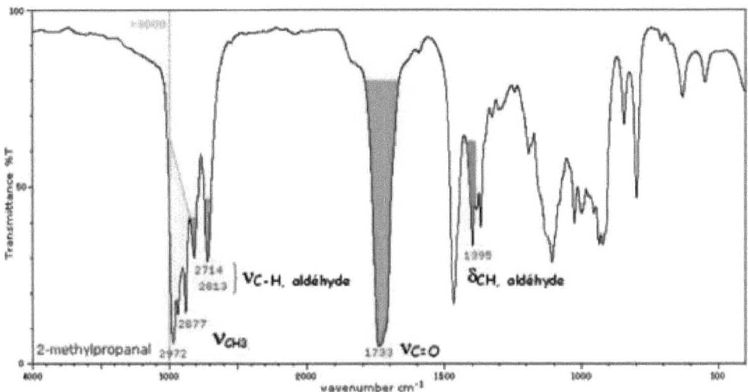

Figura 78: Espectro de infravermelhos do 2-metilpropanal

9. Ácido carboxílico

Em solução ou no estado sólido, os ácidos carboxílicos existem na forma dimérica devido a fortes ligações de hidrogénio.

Figura 79: Diagrama de um dímero de ácido carboxílico (forte ligação de hidrogénio)

$^{-1}$A banda de vibração de alongamento da ligação O-H livre só aparece para soluções muito diluídas a cerca de 3520 cm.

$^{-1}$No caso dos dímeros, esta banda aparece na gama 3300-2500 cm devido às fortes ligações de hidrogénio.

$^{-1}$A banda de vibração ν (C=O) aparece no intervalo 1760-1700 cm, é mais intensa do que as dos aldeídos e cetonas e a sua posição depende da presença da ligação H.

$^{-1}$Duas outras bandas são caraterísticas dos ácidos carboxílicos, a da vibração de alongamento ν (C-O) que aparece na região 1320-1210 cm , e a da deformação δ (O-H) na região 1440-1395 cm^{-1}

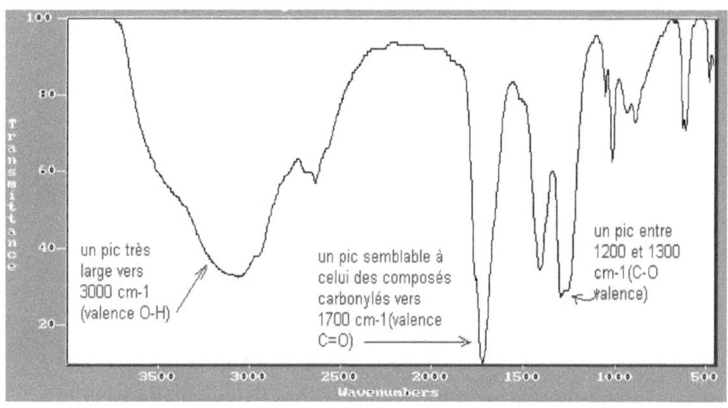

Figura 80: Espectro de IV de um ácido carboxílico

♣ Espectro de infravermelhos do ácido hexanóico

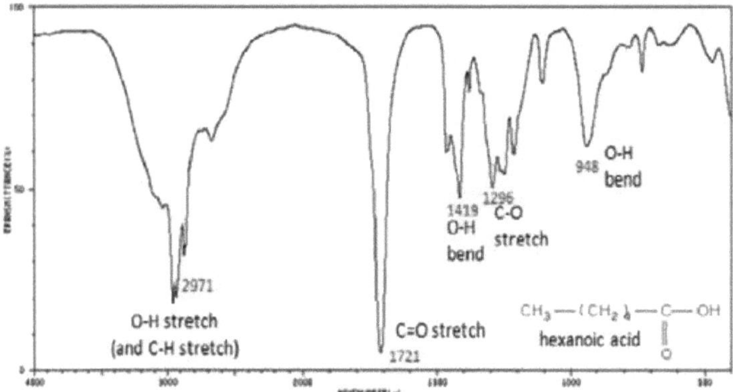

Figura 81: Espectro de IV do ácido hexanóico.

10. Aminas

$_2^{-1-1}$As aminas primárias -NH apresentam duas bandas vibracionais ν (N -H), uma na gama de 3400-3300 cm e outra na gama de 3330-3250 cm .

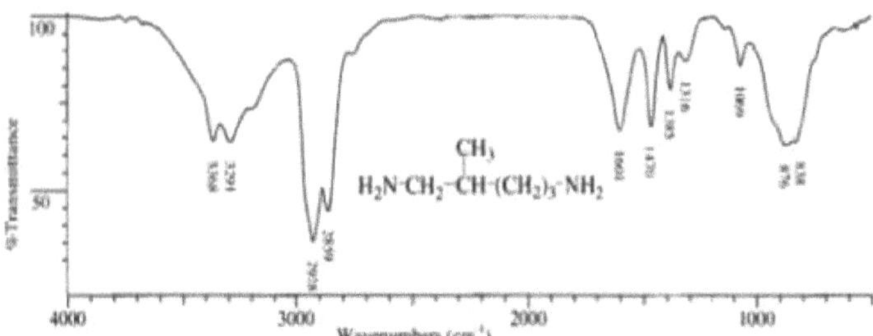

Figura 82: Espectro de IV da 2-metilpentano-1,5-diamina.

$^{-1}$As aminas secundárias apresentam uma única banda vibracional ν (N-H) na gama de 3350-3310 cm.

Estas bandas são mais finas do que as de ν (O-H).

As aminas são também caracterizadas pela presença das seguintes bandas:

$^{-1-1}$A banda de deformação δ (N-H) de intensidade média a forte na gama 1650-1580 cm para as aminas primárias e cerca de 1515 cm no caso das aminas secundárias.

$^{-1-1}$A banda de alongamento ν (C-N) de baixa a média intensidade na gama 1250-1020 cm para as aminas alifáticas e na gama 1342-1266 cm para as aminas aromáticas.

11. Nitrilos

$^{-1}$Os nitrilos apresentam uma banda caraterística da ligação C≡N no intervalo 2280- 2210 cm .

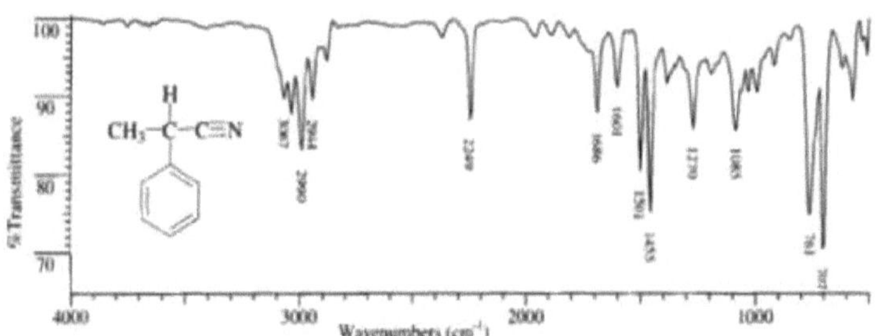

Figura 83: Espectro de IV do 2-fenilpropanenitrilo.

V. Estudo estrutural

1. Parâmetros que influenciam as frequências de grupo

$$\overline{\nu}\,[cm^{-1}] = \frac{1}{2\pi c}\sqrt{\frac{k}{\mu}}$$

A força de ligação k do vibrador, e portanto a sua frequência de vibração, pode ser influenciada pelos "efeitos" dos vibradores vizinhos.

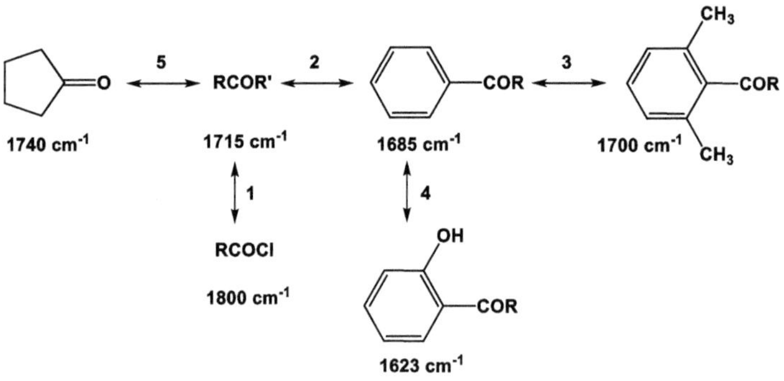

Figura 84: Diagrama dos parâmetros que influenciam as frequências de grupo

1. Efeito indutor de atração (-I) do cloro
2. Conjugação com o anel aromático

3. Obstáculos estéricos

4. Ligação de hidrogénio intramolecular muito estável (6 anéis)

5. Efeito mecânico do ciclo que provoca o enrijecimento do vibrador C=O

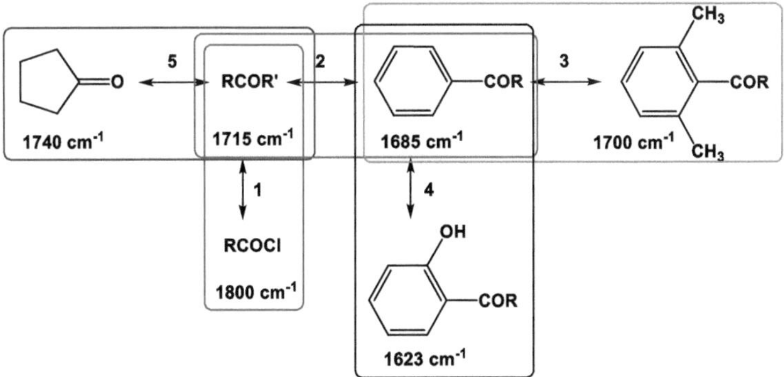

Figura 85: Diagrama dos parâmetros que influenciam as frequências de grupo (continuação)

1.1. Ligação de hidrogénio

A ligação X-H, em que X é um heteroátomo (O, N, S), pode estar envolvida em associações moleculares do tipo ligação de hidrogénio.

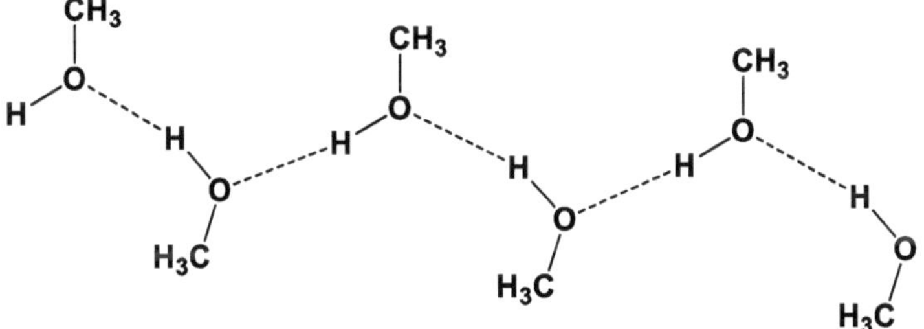

Figura 90: Ligação de hidrogénio em metanol puro

<u>Efeitos da ligação de hidrogénio :</u>

O efeito da ligação de hidrogénio é :

➤ Enfraquecimento da ligação X-H (redução do número de ondas vibracionais)

➤v_{XH}A banda correspondente é alargada pela vibração .

1.1.1. Ligação de hidrogénio intermolecular em álcoois:

✱✱4C onsidere o espetro de IV do hexan-1-ol no estado líquido puro (1), em solução diluída em CCl como solvente (2) e no estado gasoso (3).

Largura de banda: interações intermoleculares

A largura de banda depende do número de ambientes químicos no vibrador

>>> A força das ligações intermoleculares, como a ligação de hidrogénio, influencia a força de ligação k do vibrador e, portanto, a sua frequência de vibração.

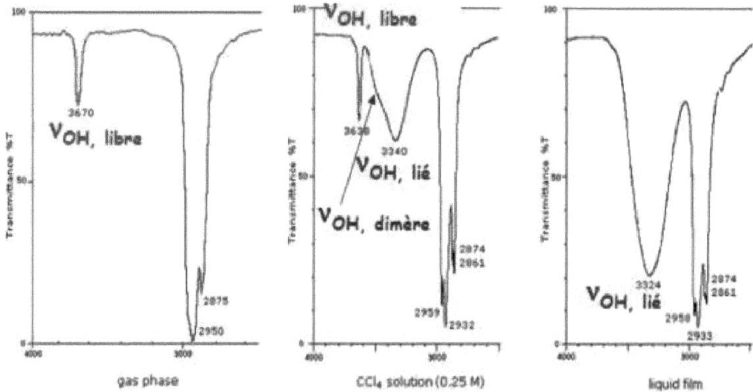

Figura 91: Espectro do hexan-1-ol no estado líquido puro, no estado gasoso e diluído em CCl₄

Condições experimentais!

T°, [ROH], solvente

<u>Produto puro</u>

A banda larga entre 3200 cm^{-1} e 3400 cm^{-1} é devida à vibração de valência OH de um vibrador OH envolvido numa ligação de hidrogénio. OH>>> OH associado por ligação de hidrogénio: ν associado (ligado).

<u>Diluição num solvente aprótico, como o CCl₄</u>

$_4^{-1}$Por diluição num solvente aprótico como o CCl, esta banda larga desaparece em favor do aparecimento de uma banda fina situada na zona 3590-3650 cm$_{:\ vOH\ livre}$.

Este comportamento mostra que a natureza da ligação de hidrogénio no álcool estudado é intermolecular.

<u>Por exemplo:</u>

(1) Hexan-1-ol no estado líquido puro (Figura 92)

$_4$(2) Solução de hexan-1-ol diluída em CCl (figura 92)

→ A ligação de hidrogénio no álcool estudado é intermolecular **O—H----O**

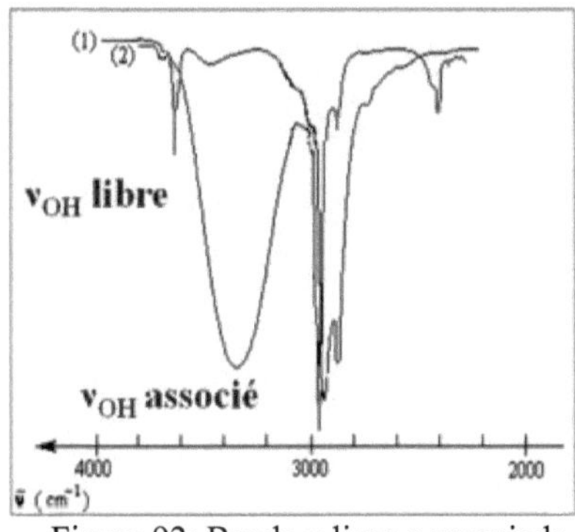

$_{OH}$ Figura 92: Banda v livre e associada

1.1.2. Ligação de hidrogénio intermolecular em ácidos

➤ Os espectros de IV dos ácidos carboxílicos mostram uma banda vOH muito mais larga do que a dos álcoois e com uma frequência mais baixa, dando ao espetro um aspeto muito caraterístico.

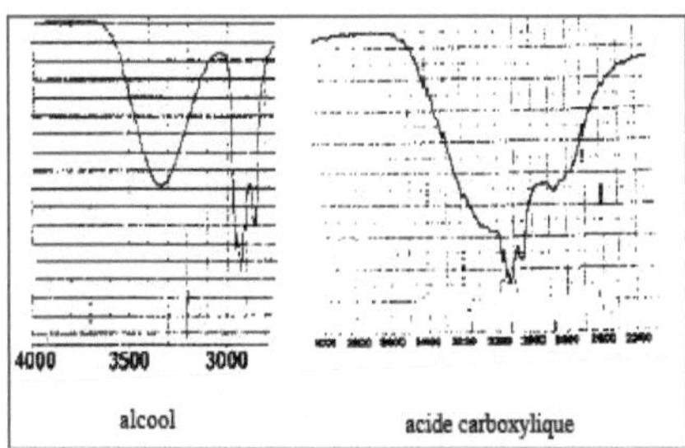

$_{OH}$ **Figura 93**: Banda v de um ácido carboxílico e de um álcool

➤ Os ácidos carboxílicos existem na forma dimérica devido às ligações de hidrogénio muito fortes entre O-H e C=O:

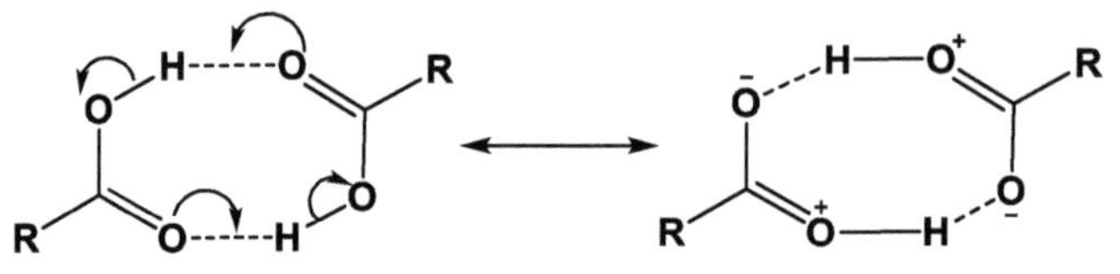

Figura 94: Diagrama de ligações de hidrogénio

➤$_{OH^{-1}}$A banda de absorção ν, que é muito larga e muito intensa, situa-se entre 3300 e 2500 cm . $_{CH}$As bandas devidas a ν estão sobrepostas a esta banda. $_{OH^{-1}}$Numa solução muito diluída num solvente não polar, ν desloca-se para 3520 cm (forma monomérica, OH livre).

➤$_{C=O^{-1}}$ $_{C=O^{-1}C=O}$ P ara o carbonilo aceitador da ligação H, no dímero, a ligação C=O é enfraquecida pela ligação H. A sua frequência ν do monómero situa-se em torno de 1760 cm e ν diminui 40 a 60 cm no dímero em comparação com a banda ν do monómero.

1.1.3. Ligação de hidrogénio intramolecular

Exemplo: Polióis

Algumas moléculas, como os polióis, contêm ligações de hidrogénio intramoleculares. É fácil distinguir entre ligações intermoleculares e intramoleculares utilizando a espetroscopia de infravermelhos. ₄Por diluição num solvente como o CCl, a banda de absorção devida à primeira é deslocada, enquanto a devida à segunda permanece inalterada.

1.2 Efeitos indutivos e mesoméricos

Vejamos o caso de uma função carbonilo. $_{C=O^{-1}}$A vibração de valência ν para uma cetona alifática é de cerca de 1715 cm .

✱↗$_{C=O}$ ↗E feitos atractivos indutivos: ν

Os efeitos indutivos de atração tendem a aumentar esta frequência.

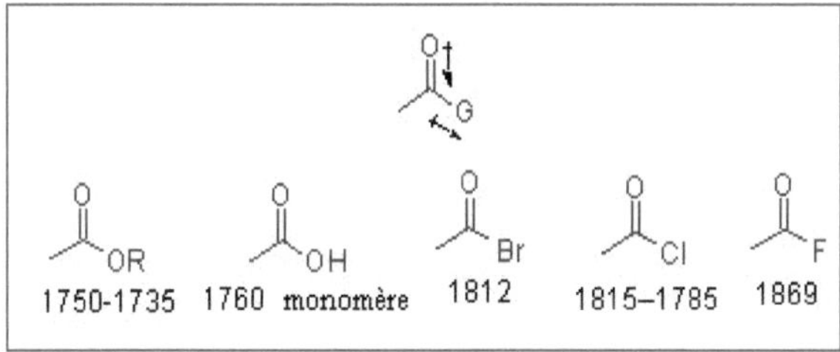

Figura 95: Efeitos indutivos atractivos nas frequências de vibração do carbonilo

♣ ↗$_{C=O}$ ↘E feitos mesoméricos (ressonância) : ν

$_{C=O}$Por outro lado, os efeitos mesoméricos indutores de ressonância conduzem a uma diminuição da frequência ν .

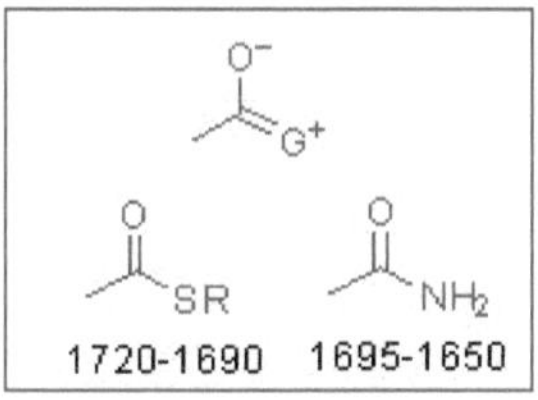

Figura 96: Efeitos mesoméricos nas frequências de vibração do carbonilo

1.3.. Conjugação

A deslocalização de uma ligação dupla reduz a sua constante de força e, por conseguinte, diminui a sua frequência vibracional.

<u>Eis alguns exemplos</u>:

$_{C=O}$Conjugado de carbonilo, ν diminui de 15 para 40 cm^{-1}

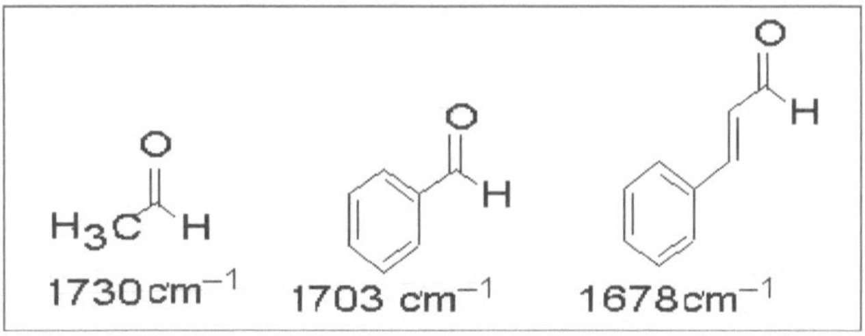

Figura 97: Frequências de vibração de carbonilos conjugados

1.4. Tensão do ciclo

Quando o oscilador está ligado a uma estrutura com tensão estérica, a sua frequência de vibração aumenta.

Eis alguns exemplos:

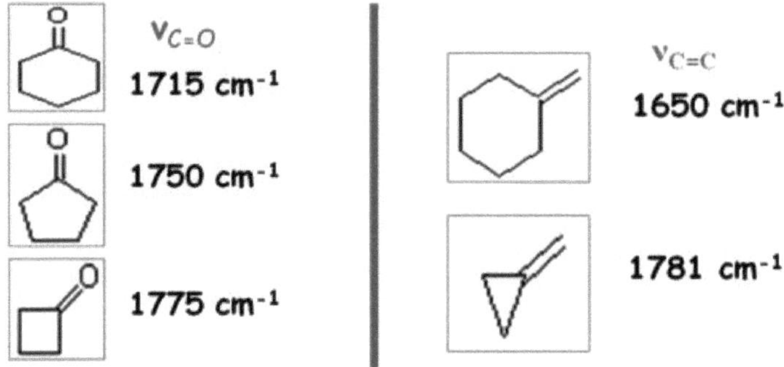

Figura 98: Frequências de vibração de C=O e C=C ligados a anéis

1.5. Isómeros

A espetrometria de infravermelhos pode ser utilizada para distinguir os isómeros.

Exemplos: isómeros cis e trans de olefinas.

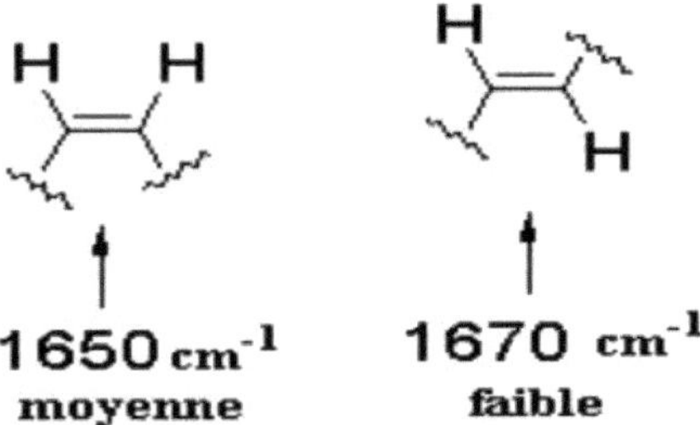

Figura 99: Frequências de vibração dos isómeros cis e trans das olefinas

VI. Equipamentos

Existem dois tipos de espectrómetros de IV:

Um espetrómetro de varrimento de IV: o modelo mais convencional, semelhante aos espectrofotómetros utilizados na espetroscopia UV-visível.

Um espetrómetro de infravermelhos com transformada de Fourier (FTIR) é idêntico a um espetrómetro de varrimento, mas o sistema dispersivo é substituído por um interferómetro Michelon cuja posição é ajustada por laser.

São constituídos pelos seguintes elementos:

Fonte

Amostra

Sistema dispersivo

Detetor

Em termos gerais, as fontes e os detectores podem ser os mesmos para ambos os tipos de espectrómetros. Esquematicamente, o dispositivo tem o seguinte aspeto:

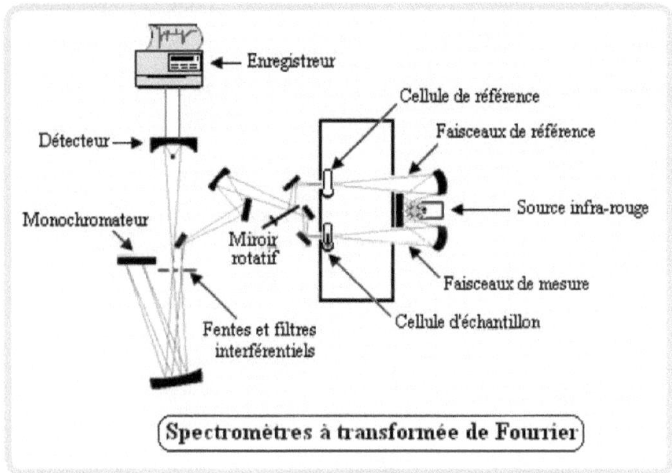

Figura 100: Espectrómetro de infravermelhos com transformada de Fourier (FTIR)

1. Descrição do funcionamento de um espetrómetro de IV

A escolha da fonte depende da região de infravermelhos em que se pretende trabalhar. [-1]No entanto, na maioria dos casos, trabalhamos na chamada região do infravermelho médio (4000 e 400 cm). Geralmente utilizamos uma fonte Globar baseada em carboneto de silício.

A radiação infravermelha da fonte é policromática, sendo primeiro dividida em dois feixes equivalentes, um dos quais incide sobre uma célula de referência e o outro sobre uma célula que contém a amostra. Este último passa então pelo compartimento da amostra e é recombinado com o feixe de referência utilizando um espelho de sector rotativo. Este feixe recombinado passa então através da fenda do monocromador de grelha.

O monocromador é geralmente constituído por uma grelha capaz de dispersar a radiação incidente nos seus diferentes comprimentos de onda. Esta grelha está também em rotação constante para que cada comprimento de onda possa ser focado um após o outro num detetor.

O detetor mais comummente utilizado é um detetor piroelétrico. Este é um cristal de sulfato de deutério e triglicina (DTGS). Abaixo de uma temperatura conhecida como "ponto de Curie", os corpos ferroeléctricos como o DTGS apresentam uma forte polarização espontânea entre certas faces do cristal. Se a temperatura de um cristal deste tipo variar sob a ação da radiação infravermelha, a sua polarização altera-se. O resultado é uma variação de tensão que é função da variação de temperatura do cristal. Este detetor detecta as variações de temperatura e transforma-as em variações de intensidade. Esta diferença de intensidade é então utilizada para obter a transmitância (T), que é geralmente expressa em %.

A intensidade do feixe que chega ao detetor é traduzida num interferograma, que é depois processado pela Transformada de Fourier. Este é um processo matemático que decompõe um sinal complexo em função do tempo numa soma de sinais simples de frequências conhecidas, de acordo com a relação :

$$I'(x) = \frac{I(\gamma)}{2}\left(1 + \cos(2\pi\lambda x)\right)$$

I ($\square$) é a intensidade da radiação fornecida pela fonte

$I'(x) = \frac{I(\gamma)}{2}\left(\cos(2\pi\lambda x)\right)$ é o interferograma

I (x) pode ser calculado por : $I(\gamma) = \int_{-\infty}^{+\infty} I(x)\cos(2\pi\gamma x)dx$

Os interferogramas são adquiridos e transformados em espectros por um mini-computador integrado no espetrómetro.

2. Preparação da amostra

É possível produzir espectros de IV de compostos sólidos, líquidos e gasosos. Consoante a amostra, são utilizadas pastilhas à base de KBr, ou cuvetes, ou é depositado um líquido entre as lâminas das pastilhas de KBr.

Para os sólidos: as pastilhas são geralmente preparadas a partir de uma mistura de amostra (1%) em pó misturada com KBr, que é transparente à radiação infravermelha. A mistura é finamente triturada e misturada num almofariz.

Líquidos: os líquidos de baixa viscosidade ou voláteis são introduzidos num recipiente fechado de espessura especificada. Os líquidos viscosos e de baixa volatilidade são depositados entre placas de KBr.

Gases: são introduzidos num reservatório com um volume maior do que o utilizado para os líquidos.

Exemplo de monitorização por IV de uma reação orgânica:

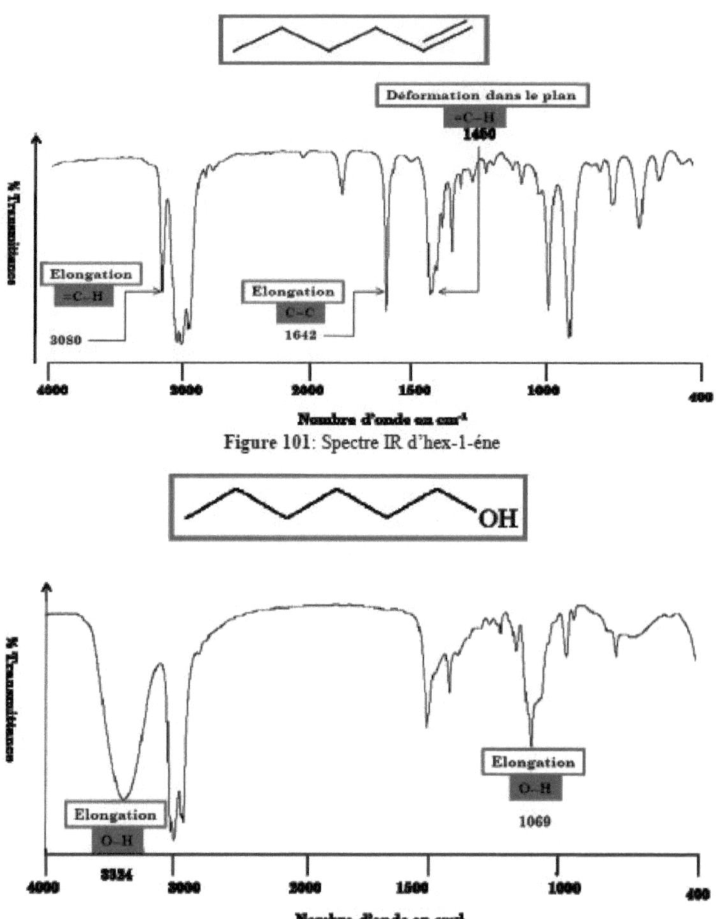

Figure 101: Spectre IR d'hex-1-éne

Figura 102: Espectro de infravermelhos do hexan-1-ol

VII. Interpretação de um espetro de absorção de IV

A análise da atribuição de bandas fornece dois níveis de informação:

A natureza das funções presentes na molécula

O carácter estrutural

Mas a identificação completa da molécula é muito rara. As bandas serão analisadas de acordo com o seu :

$^{-1}$Posição (cm)

Intensidade (baixa, média, alta)

Forma (larga ou estreita)

A espetrometria de infravermelhos constitui, assim, uma solução rápida para identificação de um composto orgânico. Basta verificar a identidade de cada uma das bandas no espetro de referência e no espetro do produto em estudo, traçados nas mesmas condições de amostragem (gás, líquido ou sólido) e com equipamentos de igual desempenho. $^{-1}$O número de onda deve ser considerado como determinado com uma precisão de 5 a 10 cm, dependendo das áreas do espetro.

1. Frequências de alongamento e deformação caraterísticas dos agrupamentos atómicos em IR

Os domínios atribuídos a várias frequências de alongamento e deformação, bem como as caraterísticas de alguns grupos de átomos, são mostrados na Tabela 14 das vibrações infravermelhas... Embora estes domínios sejam relativamente estreitos, deve ter-se em conta que a frequência exacta a que um determinado grupo absorve pode variar de acordo com o ambiente existente na molécula e o estado físico da substância.

Tabela 20: Frequências de alongamento e deformação de alguns grupos de átomos.

Grupo	Ligação	$^{-1}$Número de onda (cm)	Vibração	Intensidade
Álcoois e fenóis	O-H livre	3650-3590	alongamento	variável e fina
Álcoois e fenóis	O-H assoc.	3400-3200	alongamento	forte e alargado
Ácidos	O-H assoc.	3300-2500	alongamento	forte e muito amplo
Aminas primárias	N-H	3500 3410	alongamento assimétrico alongamento simétrico	média média
Aminas secundárias	N-H	3500-3310	alongamento	média
≡C-H (alcinos)	C-H	~3300	alongamento	médio e fino
Aromáticos	C-H	3080-3030	alongamento	variável

$_2$HC=CH (vinil)	C-H	3095-3075 3040-3010	alongamento alongamento	média média
$_2$=CH (alcenos gem mixtos di-substituídos)	C-H	3095-3075 3040-3010	alongamento alongamento	média média
HC=CH ou C=CH	C-H	3040-3010	alongamento	média
$_3$CH (alcanos)	C-H	~ 2960 ~ 2870	alongamento assimétrico alongamento simétrico	forte forte
$_2$CH - (alcanos)	C-H	~ 2925 ~ 2850	alongamento assimétrico alongamento simétrico	forte médio a elevado
-CH2-	C-H	1470	deformação	Média
-C-H (alifático)	C-H	2890-2880	alongamento	baixo
-CH	C-H	1340	deformação	baixo
Aldeídos	C-H	2900-2800 2775-2700	alongamento alongamento	baixo média
Nitrilos	C≡N	2260-2210	alongamento	médio a elevado
Alcinos	C≡C	2140-2100	alongamento	baixo
Aldeídos alifáticos	C=O	1740-1720	alongamento	forte
Aldeídos aromáticos	C=O	1715-1690	alongamento	forte
Cetonas alifáticas	C=O	1725-1705	alongamento	forte
Cetonas aromáticas	C=O	1700-1670	alongamento	forte
Ácidos	C=O	1725-1700	alongamento	forte
Ésteres alifáticos	C=O	1750-1730	alongamento	forte
Alcenos	C=C	1675-1645	alongamento	média
Aromáticos	C=C	1600 ; 1580 1500 ; 1450	alongamento; 4 bandas	variáveis
Grupo Nitro (alifático)	C-NO$_2$	1570-1550 1380-1370	alongamento alongamento; 2 bandas	intenso

Grupo Nitro (aromático)	$C-NO_2$	1570-1500 1370-1300	alongamento alongamento; 2 bandas	intenso
Aminas alifáticas	C-N	1220-1020	alongamento	média
Aminas aromáticas	C-N	1360-1180	alongamento	médio a elevado
Ésteres	C-O	1300-1050	alongamento; 2 bandas	forte
Ácidos	C-O	1300-1200	alongamento	forte
Álcoois terciários	C-O	1200-1125	alongamento	variável
Álcoois secundários	C-O	1125-1085	alongamento	variável
Álcoois primários	C-O	1085-1050	alongamento	variável
Éteres	C-O	1150-1020	alongamento	forte

2. Como analisar um espetro de IV

Para analisar o espetro de uma substância desconhecida, começamos por identificar a existência ou não de grupos funcionais importantes.

As bandas C=O; O-H; N-H; C-O; C=C; C=N e NO₂ são as mais notáveis e, se presentes, fornecem informações estruturais imediatas.

Não é n e c e s s á r i a uma análise pormenorizada das adsorções C-H em torno de 3000 cm⁻¹ (quase todos os compostos as têm!).

Está presente um grupo carbonilo?

Os grupos C=O apresentam uma absorção intensa na região de 1820-1600 cm⁻¹. Esta banda é frequentemente a mais intensa do espetro. A sua largura é média. Não se pode perder.

a - Se estiver presente um grupo C=O :

1. Ácidos (COOH): se o OH também estiver presente. A banda do OH é muito larga 3400-2400 cm⁻¹ (cobre o C-H).

2. Amidas (O=C-NHR) monossubstituídas no azoto ou (O=C-NH₂) não substituídas no azoto: verificar a presença de uma ou duas bandas N-H na zona de 3500 cm⁻¹ (intensidade média a forte).

3. Ésteres (O=C-O-R): verificar a presença de C-O (absorção intensa em torno de 1000 a 1300 cm⁻¹).

4. [-1]Anidridos (O=C-O-C=O): se 2 absorções C=O em torno de 1760 e 1810 cm

.

5. [-1]Aldeídos (O=C-H): verificar a presença de aldeído C-H: 2 bandas de <u>intensidade média</u> em torno de 2750 e 2850 cm.

6. Cetonas (O=C-R): se as 5 opções anteriores forem eliminadas.

b - <u>Se um grupo C=O estiver ausente</u> :

1. [-1-1]Álcoois (-C-OH) e fenóis: procurar uma banda O-H larga na zona 3300-3600 cm ; confirmada pela presença de uma banda C-O entre 1000 e 1300 cm .

2. [2-1]Aminas primárias (RNH) e secundárias (RNHR'): verificar a absorção N-H (<u>intensidade média</u>) a cerca de 3500 cm.

[-1]- Éteres (C-O-C): procurar a <u>presença</u> da banda C-O (e <u>a ausência de</u> O-H) em cerca de 1000 a 1300 cm.

3. Ligação dupla e/ou anel aromático

[-1]Alcenos: absorção <u>bastante fraca</u> em torno de 1650 cm. [-1]A existência de C=C é confirmada pela consulta da região =C-H acima de 3000 cm.

[-1]Aromáticos: absorções <u>de intensidade média a elevada</u> na região de 1450 a 1650 cm. [-1]A existência de C=C é confirmada pela consulta da região =C-H acima de 3000 cm .

4. Ligação tripla

[-1]Nitrilas (C≡N): absorção de intensidade média, pico <u>muito fino</u> em torno de 2250 cm.

[-1]Alcinos (-C≡C-): absorção <u>fina de baixa intensidade</u> em torno de 2150 cm. [-1]Para os alcinos verdadeiros, verificar também se o C-H está presente em torno de 3300 cm: banda <u>bastante intensa</u> e <u>bastante fina</u>.

5. [2-1-1]Função "NITRO": O NO tem 2 bandas <u>fortes</u> à volta de 1500 a 1600 cm e 1300 a 1390 cm.

6. Hidrocarbonetos saturados

Se nenhuma das informações acima tiver sido observada.

[-1]Se as principais absorções estiverem localizadas na região C-H abaixo de 3000 cm .

[-1]Se o <u>espetro for muito simples</u>, apenas absorções em torno de 1450, 1375 e talvez 720 cm .

Apêndices: Tabelas de dados espectroscópicos de IV

APÊNDICE 1: QUADRO SIMPLIFICADO DOS DADOS ESPECTROSCÓPICOS <u>DA IR</u>

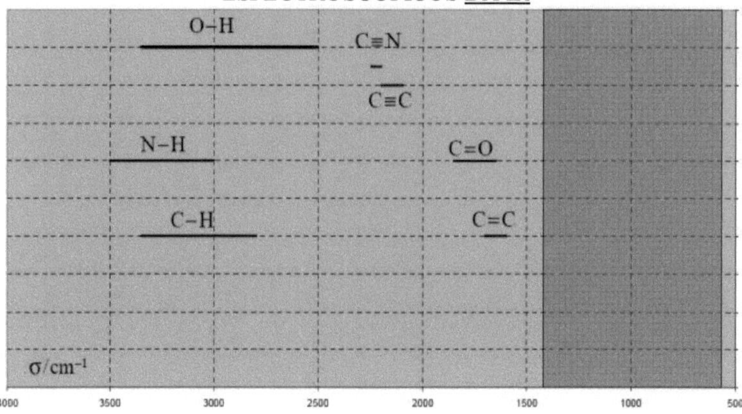

APÊNDICE 2: Grupos caraterísticos e bandas de absorção no infravermelho (IV)

Fonction	Alcool	Aldéhyde	Cétone	Acide carboxylique	Alcène	Ester	Amine	Amide
Groupe caractéristique	$-O-H$ Hydroxyle	$-C{\overset{O}{\overset{\|}{H}}}$ Carbonyle	$C-C{\overset{O}{\overset{\|}{C}}}$ Carbonyle	$-C{\overset{O}{\overset{\|}{OH}}}$ Carboxyle	$C=C$ Alcène	$-C{\overset{O}{\overset{\|}{O-C}}}$ Ester	$N-$ Amine	$-C{\overset{O}{\overset{\|}{N-}}}$ Amide

Liaison	Nombre d'ondes σ (cm⁻¹)	Intensité[1]	Liaison	Nombre d'ondes σ (cm⁻¹)	Intensité[1]
$O-H_{libre}$ [2]	3580-3650	F ; fine	$C=O_{ester}$	1700-1740	F
$O-H_{lié}$ [2]	3200-3400	F ; large	$C=O_{aldéh.\ cétone}$	1650-1730	F
$N-H$	3100-3500	M	$C=O_{acide}$	1680-1710	F
$C_{tri}H$ [3]	3000-3100	M	$C=C$	1625-1685	M
$C_{tri}H_{aromat.}$ [4]	3030-3080	M	$C=C_{aromat.}$	1450-1600	M
$C_{tét}H$ [5]	2800-3000	F	$C_{tét}H$	1415-1470	F
$C_{tri}H_{aldéhyde}$	2750-2900	M	$C_{tét}O$	1050-1450	F
$O-H_{acide\ carb.}$	2500-3200	F ; large	$C_{tét}C_{tét}$	1000-1250	F

(1) L'intensité traduit l'importance de l'absorption : F : forte ; M : moyenne.

(2) O–H$_{libre}$: sans liaison hydrogène ; O–H$_{lié}$: avec liaison hydrogène.

(3) C$_{tri}$: correspond à un carbone trigonal (engagé dans une double liaison).

(4) aromat. : désigne un composé avec un cycle aromatique comme le benzène ⬡ ou ses dérivés.

(5) C$_{tét}$: correspond à un carbone tétragonal (engagé dans quatre liaisons simples).

APÊNDICE 3: TABELA DE DADOS ESPECTROSCÓPICOS <u>IR</u>

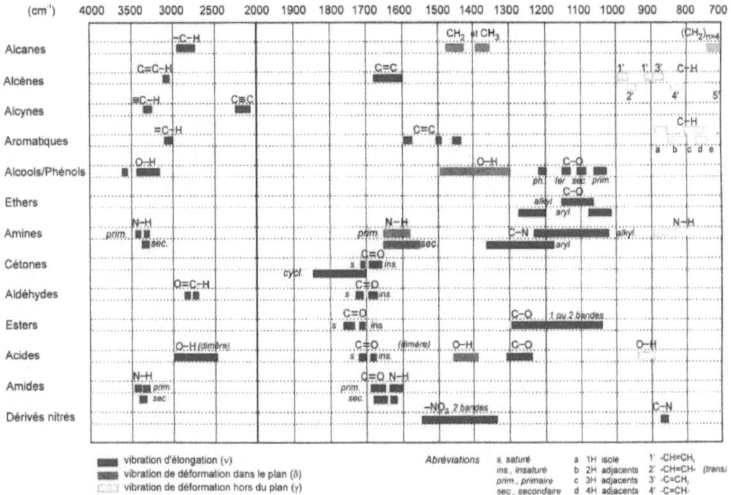

APÊNDICE 4: Tabela dos números de onda das vibrações de valência e de deformação (1)

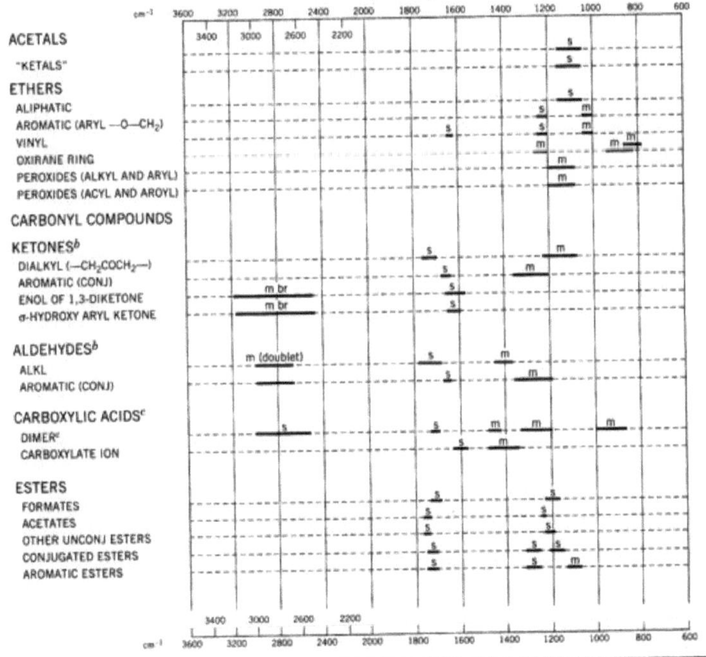

APÊNDICE 5: Tabela dos números de onda das vibrações de valência e de deformação (2)

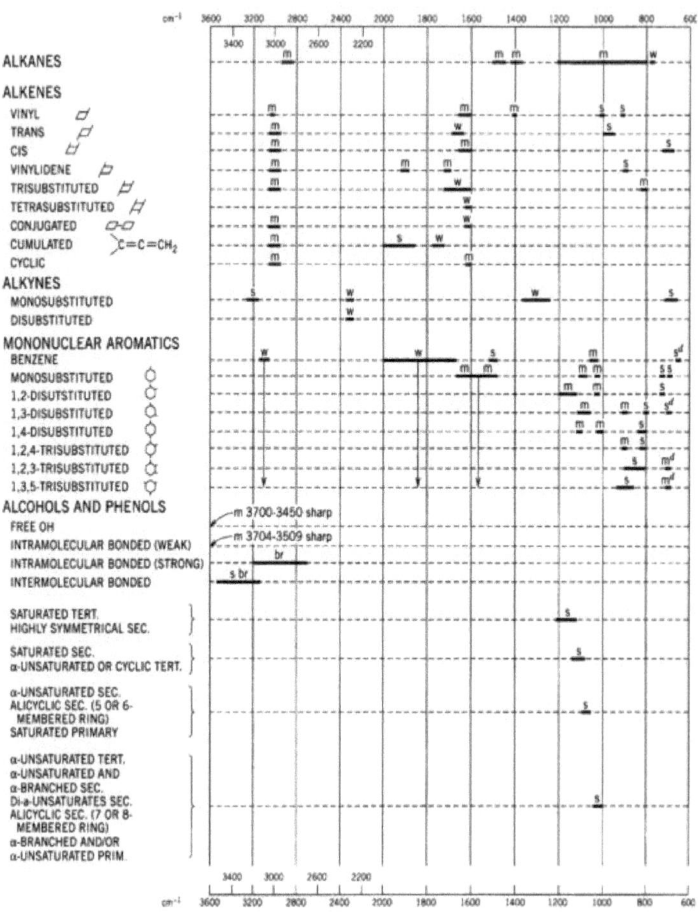

Exercícios

Exercício 1:

$_{maxmax}^{-1-1}$A anilina absorve a um comprimento de onda $\lambda = 280$ nm com $\varepsilon = 1430$ L.mol $.cm$. Pretendemos preparar uma solução aquosa de anilina com uma % de transmissão igual a 30, utilizando uma célula de 10 mm de espessura. Qual é a massa de anilina necessária para preparar 100 ml dessa solução?

Exercício 2:

$_{max}$1) Calcule o ε de um composto com uma absorção máxima (A) de 1,2. O comprimento da célula l é de 1 cm, a concentração é de 1,9 mg por 25 ml de solução e a massa molecular do composto é de 100 g/mol.

$^{-4}$2) Calcule o coeficiente de absorção molar de uma solução de concentração 10 M, colocada numa célula de 2 cm, com $I° = 85,4$ e $I = 20,3$.

Exercício 3:

$^{-4}$Uma solução aquosa de permanganato de potássio ($C = 1,28.10$ M) tem uma transmitância de 0,5 a 525 nm, utilizando uma célula com um percurso ótico de 10 mm.

1) Calcule o coeficiente de absorção molar do permanganato para este comprimento de onda.

2) Se a concentração for duplicada, calcular a absorvância e a transmitância da nova solução.

Exercício 4:

Uma célula de 4 mm foi enchida com uma solução de benzeno. $^{-3-1}$A concentração de benzeno é de $1,0\times10$ mol.L. O espetro de UV-visível desta solução mostra uma banda no comprimento de onda de 256 nm.

1) Dado que a transmitância da amostra é de 59%, calcular o coeficiente de extinção molar do benzeno a 256 nm.

2) Qual será a absorvância a 256 nm da mesma amostra colocada numa célula de 2 mm?

Exercício 5:

$_{max}$A determinação do crómio VI em águas poluídas até 0,1 ppm (M = 52 g/mol) é efectuada indiretamente por reação com o agente complexante difenilcarbazida, formando um complexo em meio ácido que absorve no comprimento de onda λmax = 540 nm e tem um coeficiente de extinção molar ε = 41700 L/mol.cm.

Que valor do percurso ótico l deve ser utilizado para que a absorvância da solução seja igual a 0,4?

Exercício 6:

Considere-se uma solução aquosa S que contém nitrato de cobalto $Co(NO_3)_2$ e nitrato de crómio $Cr(NO_3)_3$. As absorvâncias das três soluções são medidas em dois comprimentos de onda, 510 nm e 575 nm, e os resultados obtidos são resumidos no quadro seguinte. O percurso ótico da célula utilizada é da ordem de 10 mm.

1. Calcular os coeficientes de extinção molar de cada composto isolado em solução aquosa para cada comprimento de onda

2. Calcular as concentrações molares C e C' de $Co(NO_3)_2$ e $Cr(NO_3)_3$ na solução S

Solução	$_{max}\lambda$ (nm)	Absorvância A	Concentração
$Co(NO_3)_2$ isolado em solução	510	0,7140	$15,10 \cdot 10^{-2}$ mol/L
	575	0,0097	
$Cr(NO_3)_3$ isolado em solução	510	0,2980	$6,10 \cdot 10^{-2}$ mol/L
	575	0,7570	
Mistura	510	0,4000	C e C'
	575	0,5770	

Exercício 7:

Quais são todas as transições electrónicas possíveis para as seguintes moléculas : CH_4, CH_3Cl, $H_2C=O$

Exercício 8:

O espetro de UV da acetona mostra duas bandas de absorção: λ_{max} = 280 nm com ε = 15 e λ_{max} = 190 nm com ε = 100. Identifique a transição eletrónica em cada uma das duas bandas. Qual é a mais intensa?

Exercício 9:

maxmax1) A partir dos valores de λ (em nm) para estas moléculas, que conclusões podem ser tiradas sobre a relação entre λ e a estrutura da molécula absorvente? Etileno (170); Buta-1,3-dieno (217); 2,3-Dimetibuta-1,3-dieno (226); Ciclo-hexa-1,3-dieno (256) e Hexa-1,3,5-trieno (274).

2) Explique as seguintes variações no λmax (em nm) dos seguintes compostos: 3maxmaxmaxCH -X, quando X=Cl ($\lambda = 173$), X=Br ($\lambda = 204$) e X=I ($\lambda = 258$).

Exercício 10:

1. maxUtilizando as regras de Woodward-Fieser, preveja os comprimentos de onda máximos λ de cada um dos compostos abaixo, tomados em etanol como solvente:

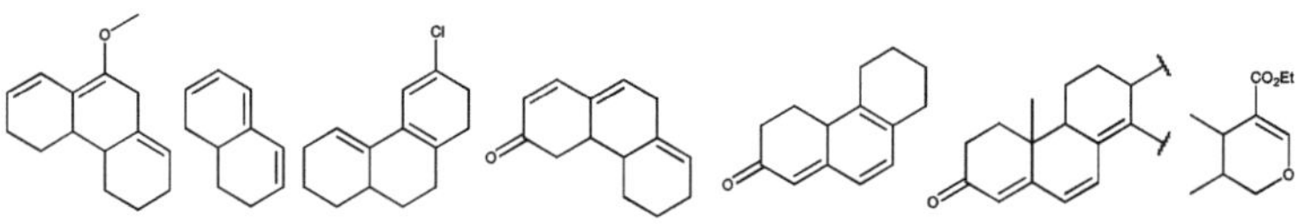

2. maxUtilizando as regras de Scott, preveja os comprimentos de onda λ máximos de cada um dos compostos abaixo, tomados em etanol como solvente:

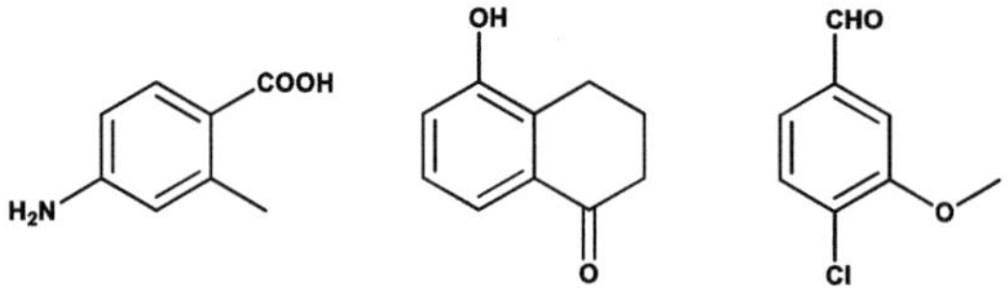

3. Qual é o composto que tem um efeito batocrómico e qual é o composto que tem um efeito hipsocrómico?

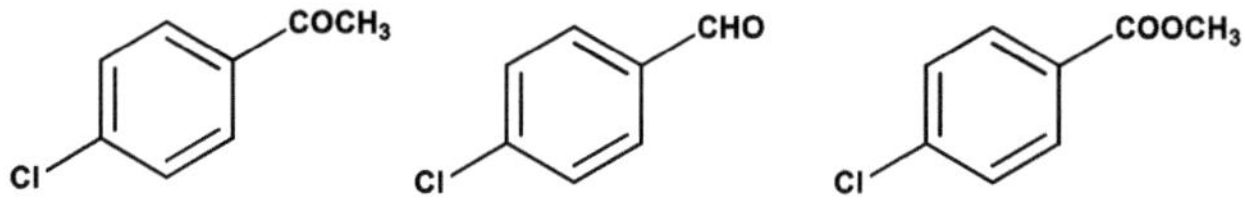

Exercício 11:

1) Qual dos seguintes compostos aromáticos absorverá o maior comprimento de onda?

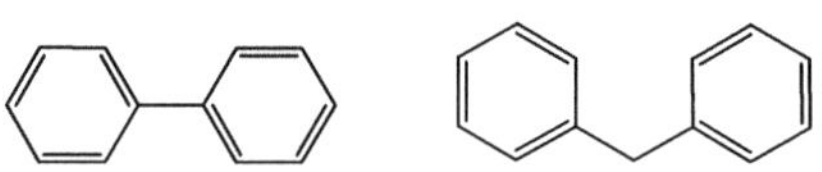

$\alpha\varepsilon$**2)** O espetro de UV da -ciperona, uma cetona natural, apresenta um máximo a 254 nm (= 19000). Foram propostas duas fórmulas:

Que estrutura é consistente com o espetro UV?

Exercício 12:

Ou o composto:

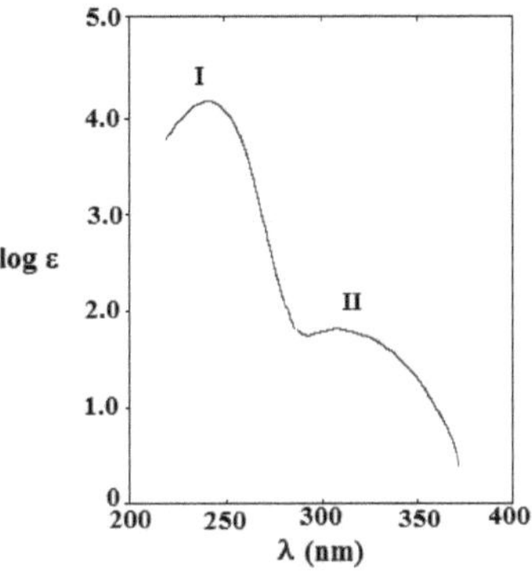

O seu espetro de absorção em função do comprimento de onda em etanol é apresentado a seguir:

1- Indique os valores dos comprimentos de onda e dos coeficientes de extinção molar das bandas de absorção I e II.

2- Atribua a cada banda a transição correspondente, justificando a sua resposta. Em seguida, especifique o cromóforo correspondente em cada caso.

3- Que efeito teria a utilização de hexano como solvente em vez de etanol na posição de cada banda? Justifique a sua resposta utilizando o diagrama de níveis de energia correspondente.

Exercício 13:

[135-1] 1- No caso da molécula H - Cl, observa-se uma banda a 2990 cm devido à vibração fundamental ($v = 0 \rightarrow v = 1$).

    1.a- Calcular o valor da constante de força no caso de um oscilador harmónico.

1.b- Sabendo que o efeito isotópico não tem influência nas constantes de força das ligações Cl-H e Cl-D. [235]Qual seria o número de onda absorvido pelo D- Cl?

[12161216-1-1]2- Os números de onda das ligações C= O e C- O são 1715 cm e 1050 cm, respetivamente. [12161216]Compare a rigidez das ligações C= O e C- O.

Exercício 14:

Utilizando a lei de Hooke (para o vibrador harmónico), justifique a ordem crescente dos números de onda vibracionais da ligação C-X para X= Br, F, Cl. Assuma que as constantes de força têm o mesmo valor.

Exercício 15:

A espetroscopia de IV é ideal para confirmar a presença de grupos funcionais. Que a reação seja :

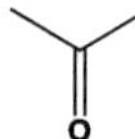

Descreva as principais diferenças esperadas nos espectros de IV do reagente (hexeno) e do produto (hexanol): que vibrações caraterísticas aparecem e desaparecem?

Exercício 16:

[-1]1- O espetro de IV da acetona A mostra uma forte absorção a 1715 cm.

Que vibração da acetona corresponde a esta transição?

[-1]2- O número de onda associado à mesma vibração na molécula B é igual a 1670 cm .

Qual é a explicação para esta mudança?

Exercício 17:

Considere os espectros de infravermelhos 1-3 apresentados abaixo. Cada um corresponde a um composto da seguinte lista: pentan-2-ona, hex-1-ino, fenilmetanol.

Atribuir o composto correspondente a cada espetro, indexando as bandas mais importantes.

Espectro 1

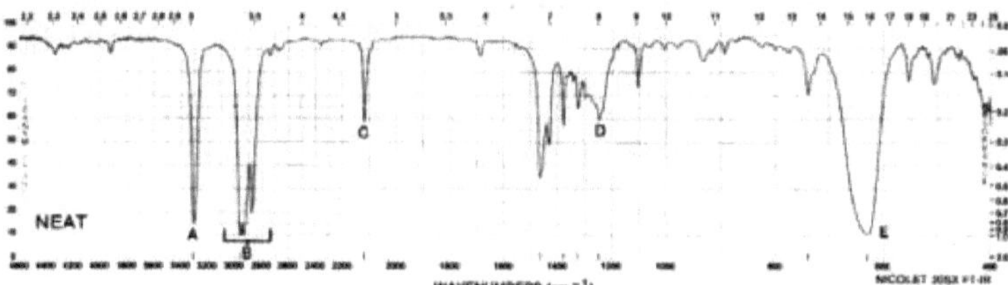

Espectro 2

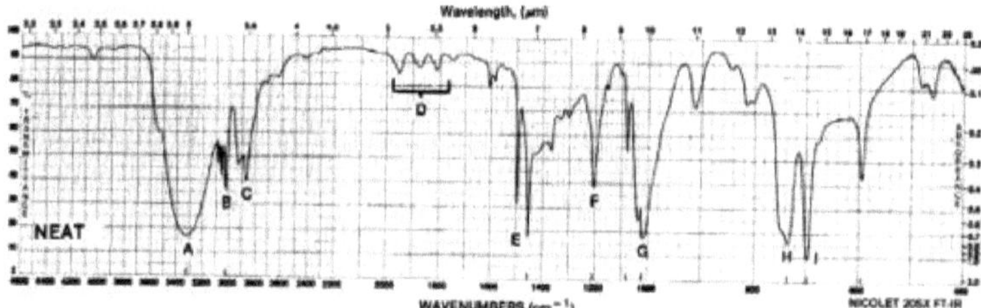

Espectro 3

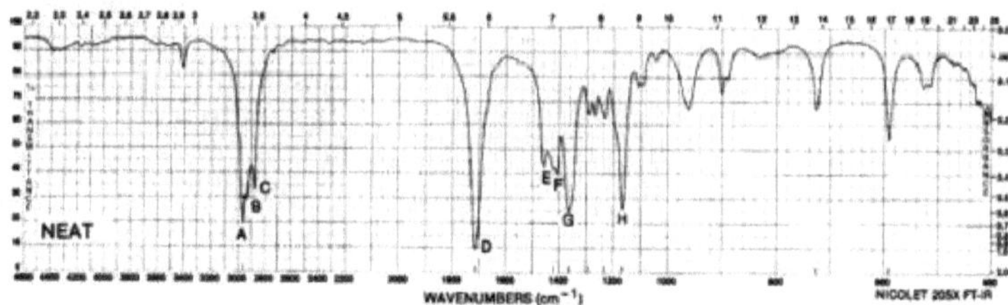

Exercício 18:

Explique por que razão o brometo de hidrogénio é ativo no IR e o bromo é inativo no IR.

Exercício 19:

As figuras A e B mostram extractos dos espectros de infravermelhos dos compostos 1 e 2, respetivamente. ₄O espetro do composto 1 foi obtido a partir de uma película de 1 puro no estado líquido, enquanto o do composto 2 foi obtido a partir de uma solução diluída de 2 em tetraclorometano (CCl).

Interprete e atribua os seguintes espectros de IV aos compostos abaixo. Justifique a sua resposta indicando nos espectros a atribuição das bandas de absorção no infravermelho, designadas por a, c, d, g, i e j, caraterísticas das ligações presentes nas moléculas de 1 e 2.

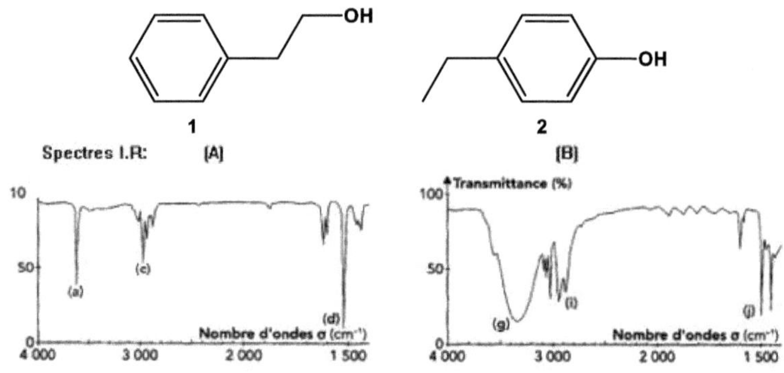

Exercício 20:

Atribuir a cada espetro (1 a 3) o composto correspondente (justificar a resposta através da análise dos limites caraterísticos).

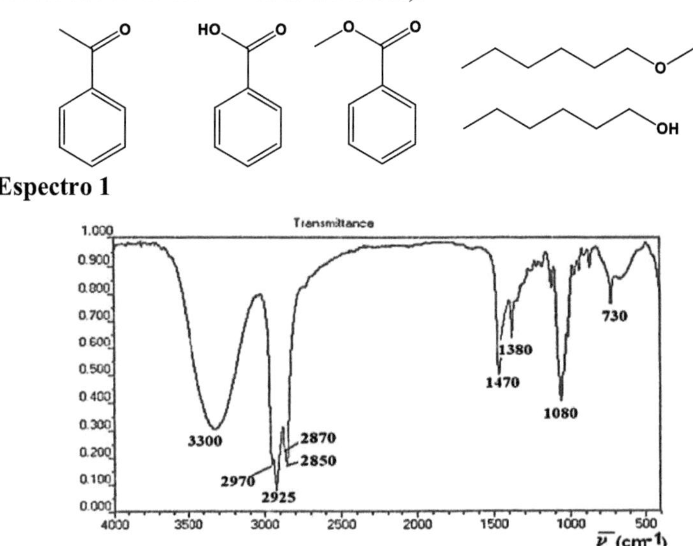

Espectro 1

Espectro 2

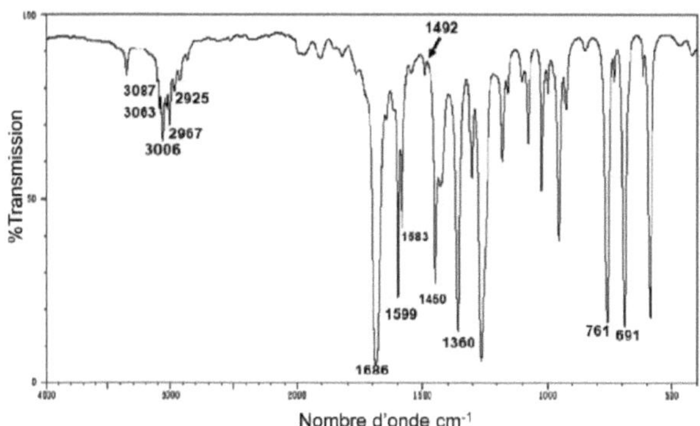

Espectro 3

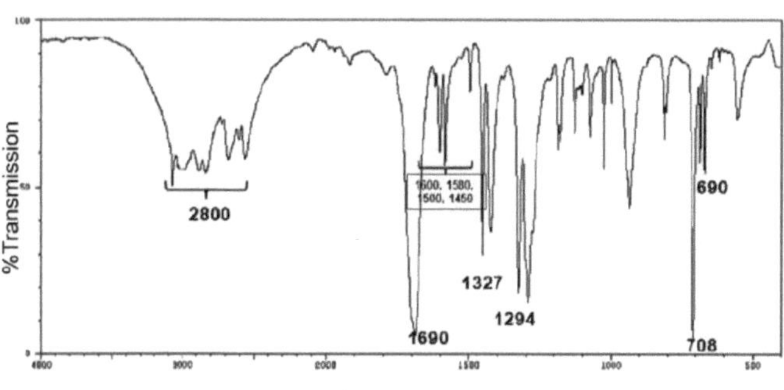

Exercício 21:

Atribua o composto correspondente a cada espetro (justifique a sua resposta analisando os limites caraterísticos).

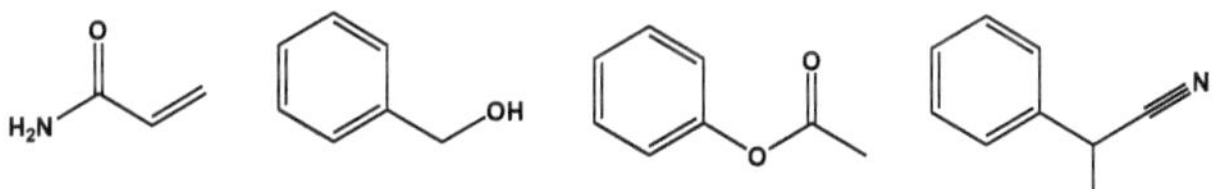

Espectro 1

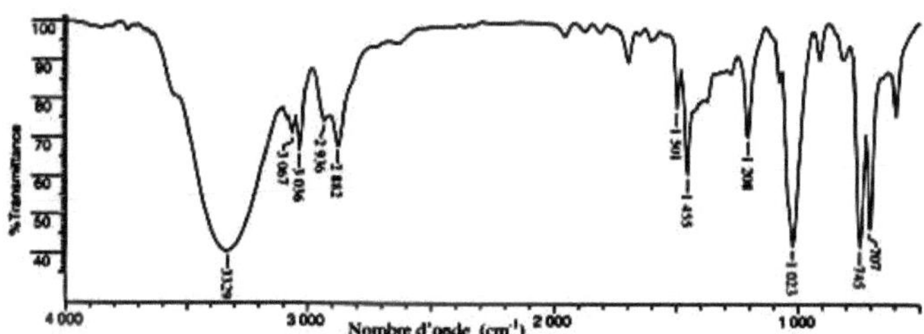

Espectro 2

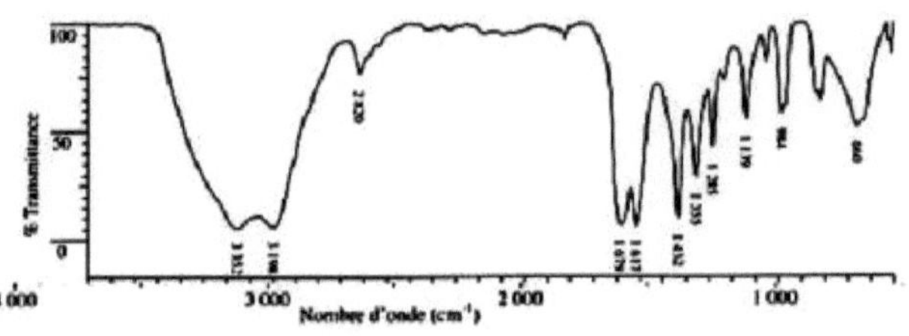

Espectro 3

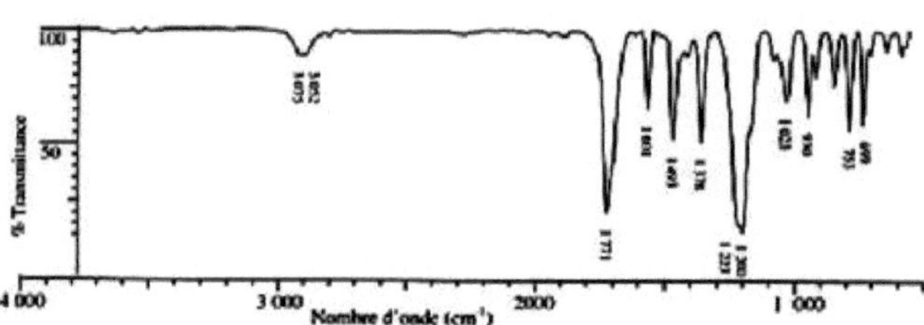

Espectro 4

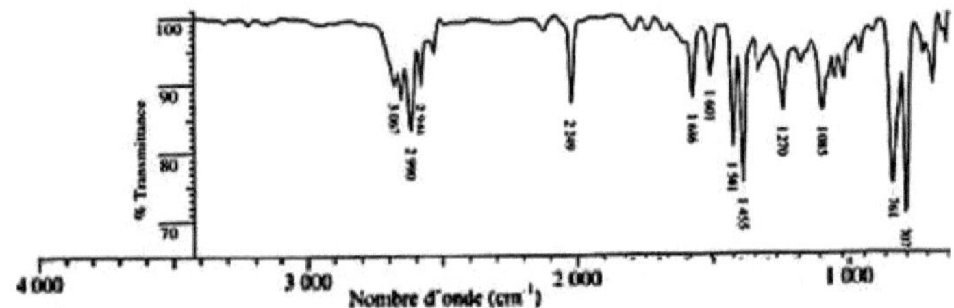

Resolver os exercícios

Exercício 1:

Calcule a massa de anilina necessária para preparar 100 ml dessa solução?

$\lambda_{max}\varepsilon_{max}^{-1}=$ 280 nm; =1430 L. mol-1. cm

% de transmissão = 30 $\rightarrow$ T = 0,3

l = 1 cm e V= 100 mL

NH$_2$

C_6H_7N, M= 93,06 g/mole

$M = 6 \times 12 + 7 \times 1 + 14 = 93\ g/mol$

$_{10}A = - \log T = \square.\ \square.\ _{10}c \rightarrow c = - \log T\ (\square.\ \square)^{-1}$

$^{-1-1}_{10}{}^{-1}_{10}c = n\ v = m\ (M \times \square) = - \log T\ (\square.\ \square) \rightarrow m = -M \times v \times \log T\ (\square.\ \square)^{-1}$

$^{-3}_{10}{}^{-1}m = -93 \times 100,10 \times \log 0,3\ (1430,1) = 3,4.10\text{-}3 g$

$$m = 3,4\ mg$$

Exercício 2:

$^{1\text{-}1}$1) Aplicando a lei de Lambert de Beer, ε= **1578,94 mol- .l.cm .**

$^{-1\text{-}1}$2) ε = **3119,8 mol .l.cm .**

Exercício 3:

$^{-1\text{-}1}$1) Aplicando-se a lei de Lambert, ε = **2351,7 mol .l.cm .**

2) **A = 0,601 e T = 0,25.**

Exercício 4:

Uma célula de 4 mm foi preenchida com uma solução de benzeno. $^{-3\text{-}1}$A concentração de benzeno é de 1,0×10 mol.L. O espetro de UV-visível desta solução mostra uma banda no comprimento de onda de 256 nm.

1) Dado que a transmitância da amostra é de 59%, calcular o coeficiente de extinção molar do benzeno a 256 nm.

$_0$Aplicamos a lei de Beer-Lambert: A = log (I /I) = - log T = ε l C

A: Absorvância

$_0$I : intensidade da luz incidente

I: intensidade da luz transmitida

T: transmissão

$^{-1}\varepsilon$: coeficiente de extinção molar, L.mol. .cm^{-1}

l: percurso ótico, cm

C: concentração molar, mol.L^{-1}

A transmitância é dada. A transmitância é %T. Estamos à procura de ε:

$$\varepsilon = \frac{-\log T}{l\,C}$$

A.N: ε = -log 0,59/0,410^{-3}

$$^{-1}\varepsilon = 572,87 \text{ L.mol. .cm}^{-1}$$

2) Qual será a absorvância a 256 nm da mesma amostra colocada numa célula de 2 mm?

A= ε l C

Sabemos que, para um determinado comprimento de onda, ε é uma constante.

$^{-1}$A.N. a λ = 256 nm, ε = 572,87 L.mol. .cm^{-1}

A = 572,87 x 0,2 x 10^{-3}

A = 0,115

Para a mesma solução (C constante), duplicar o valor de l duplica o valor de A.

Exercício 5:

Dados: C = 0,1.10-3 g.L-1 , λmax = 540 nm , A = 0,40

$^{-1}$Coeficiente de absorção molar: ε = 41700 L.mol .cm^{-1}

Antes de aplicar a lei de Beer-Lambert, é necessário verificar as unidades dos parâmetros utilizados na fórmula:

$^{-1}$A concentração de crómio na água poluída deve ser expressa em mol.L (concentração molar), pelo que se deve dividir pela massa molar :

$^{-3-6}$C = 0,1.10 /52 = 1,92.10 mol.L^{-1}

De acordo com a lei de Beer-Lambert, para um comprimento de onda máximo:

A = ε.*l*.c

Daí: l = A/ ε..c

l representa o percurso ótico do reservatório

Aplicação numérica:

$^{-6}$*l*= 0,4 / (41700.1,92.10) = 4,99 cm cerca de 5 cm

Exercício 6:

Calcular os coeficientes de absorção molar εCo(510), εCr(510), εCo(575) e εCr(575) :

a- A lei de Lambert das cervejas é aplicada:

$$\text{Co}(510)\varepsilon = 4, \quad 76e \qquad \text{Co}(575)\varepsilon = 0.64$$

$$\text{Cr}(510)\varepsilon = 4, \quad 96e \qquad \text{Cr}(575)\varepsilon = 12.61$$

$^{-1}$b- Concentrações molares (mol-L) dos dois sais **A** e **B** na solução de amostra.

Aplica-se a aditividade das absorvâncias:

A 510 nm, temos 0,4 = εCo(510)*Cx + εCr(510)*Cx'.

A 575 nm, temos 0,5770 = εCo(575)*Cx + εCr(575)*Cx'.

Cx = 0,0438 mol/L ; Cx'= 0,0384 mol/L

$$_A^{-1-1}{}_B^{-2}C = 1,2.10 \text{ mol.L e } C = 2,10 \text{ mol.L}^{-1}$$

Exercício 7:

As transições são :

$_4$CH :   **transição $\sigma \rightarrow \sigma^*$**

$_3$CH Cl :   **transições $\sigma \rightarrow$ σ^* e   n $\rightarrow \sigma^*$**

$_2$CH O :   **transições $\sigma \rightarrow \sigma^*$, n $\rightarrow \sigma^*$, n $\rightarrow \pi^*$ e $\pi \rightarrow \pi^*$ transições**

Exercício 8:

1) λ = 280 nm: **n $\rightarrow \pi^*$ transição**

   λ = 190 nm: **transição $\pi \rightarrow \pi^*$**

2) A transição mais intensa é: **$\pi \rightarrow \pi^*$**

Exercício 9:

1) Podemos concluir que λ aumenta com o aumento da cadeia carbónica e com o aumento da conjugação.

Um composto cíclico absorve a um λ mais elevado do que o seu homólogo alifático.

2) Esta é a transição **n $\rightarrow \pi^*$.**

Quanto menor for a eletronegatividade, mais fácil será a transição e maior será o λ.

Exercício 10:

1)

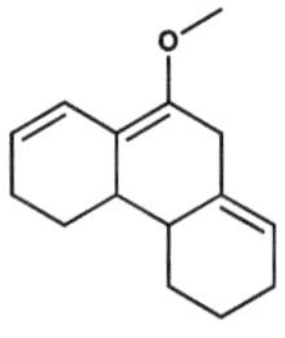

		Incremento adicionado (nm)
Estrutura de base	Dieno hetero-anular	214
Substituinte	2 ligação dupla exo-cíclica	10
	3 resíduos de alquilo	10
	1 alcoxi	6
λ_{max} = 240 nm		

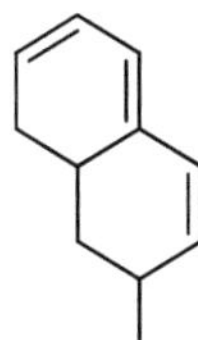

		Incremento adicionado (nm)
Estrutura de base	Higiene das mãos e dos braços	253
Substituinte	1 ligação dupla exo-cíclica	5
	3 resíduos de alquilo	10
	Ligação dupla conjugada adicional	30
λ_{max} = 298 nm		

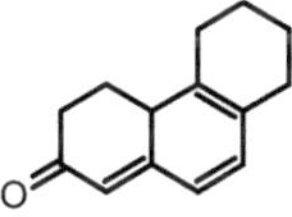

	Incremento adicionado (nm)
Composto carbonílico α, β insaturé	215
1 ligação dupla exo-cíclica	5
Alquilo em β	12
δAlkyle em +1	18
δ2 alquilos a +2	36
Higiene anular em casa	39
2 Ligações duplas conjugadas adicionais	60
λ_{max} = 385 nm	

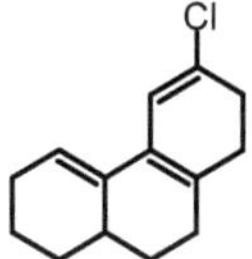

	Incremento adicionado (nm)

Higiene das mãos e dos braços	253
1 ligação dupla exo-cíclica	5
4 restantes Alkyle	20
Cl	5
λ_{max} = 283 nm	

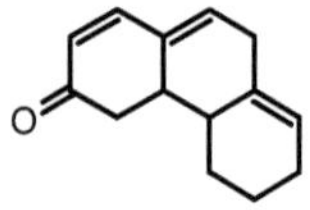

	Incremento adicionado (nm)
Composto carbonílico α, β insaturé	215
2 ligação dupla exo-cíclica	10
Alkyle pt γ	18
Alkyle pt δ	18
Ligação dupla conjugada adicional	30
λ_{max} = 291 nm	

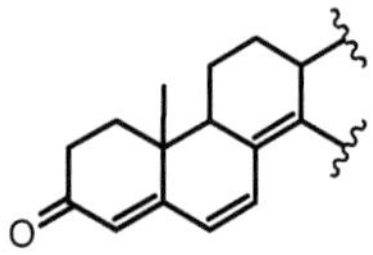

	Incremento adicionado (nm)
Composto carbonílico α, β insaturé	215
2 ligação dupla exo-cíclica	10
Alquilo em β	12
δ Alkyle em +1	18
δ 2 alquilos a +2	36
2 Ligação dupla conjugada adicional	60
λ_{max} = 353 nm	

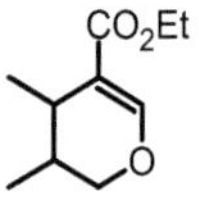

	Incremento adicionado (nm)
Composto carbonílico α, β insaturé	193
Alkyle pt α	10
Alcoxi em β	30
λ_{max} = 233 nm	

2/

	Incremento adicionado (nm)		
Estrutura de base	230	246	250
Alkyle em orto	3	3	
OH em meta	-	7	7
Cl no parágrafo	-	-	10
NH2 em meta	15	-	-
λ_{max}	**248 nm**	**256 nm**	**267 nm**

3/ Aldeído batocrómico, éster hipsocrómico

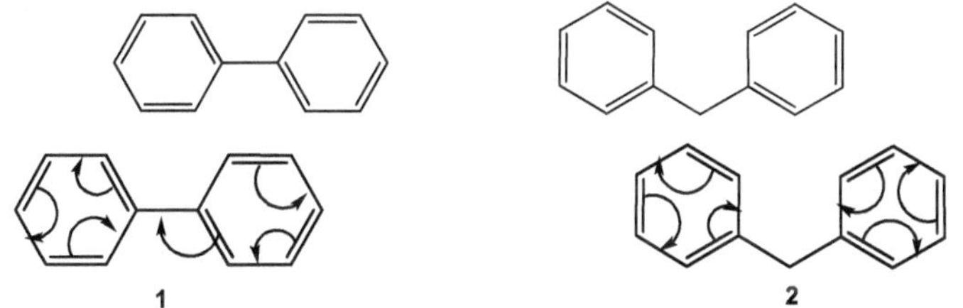

Exercício 11:

1- Qual dos seguintes compostos aromáticos absorverá o maior comprimento de onda?

1	2
Conjugação entre os dois anéis aromáticos	Sem conjugação entre os dois anéis aromáticos

A conjugação do composto **1** é mais extensa do que a do composto **2**. A conjugação causa um efeito batocrómico na transição $\pi \rightarrow \pi^*$. $\Longrightarrow$

$_1\lambda > \lambda_2$

O composto **1** absorverá no comprimento de onda mais longo devido à conjugação dos dois fenilos.

$\alpha\epsilon$2- O espetro de UV da -ciperona, uma cetona natural, apresenta um máximo a **254** nm (= 19000). Foram propostas duas fórmulas:

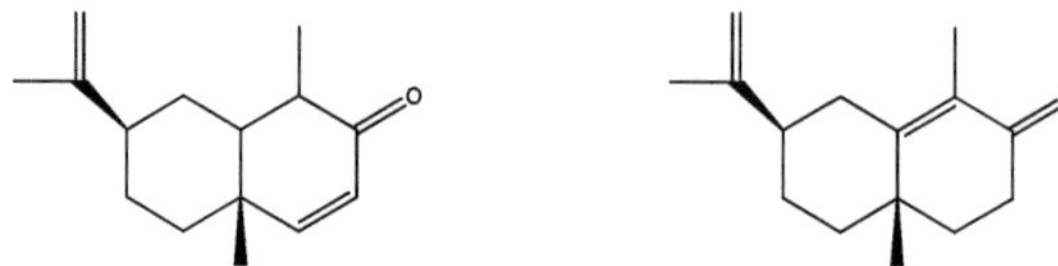

Que estrutura é consistente com o espetro UV?

	Incremento adicionado (nm)
Composto carbonílico □, □insaturé	215
ligação dupla exo-cíclica	5
Alquilo em β	12
λ_{max} = 232 nm	

	Incremento adicionado (nm)
Composto carbonílico □, □□insaturé	215
ligação dupla exo-cíclica	5
Alquilo em α	10
2 β-Alquilo	12x2
λ_{max} = 254 nm	

A estrutura:

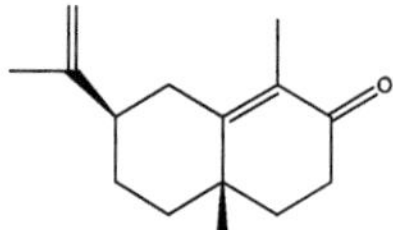

é coerente com o espetro de UV

Exercício 12 :

Valores dos comprimentos de onda e dos coeficientes de extinção molar das bandas de absorção I e II.

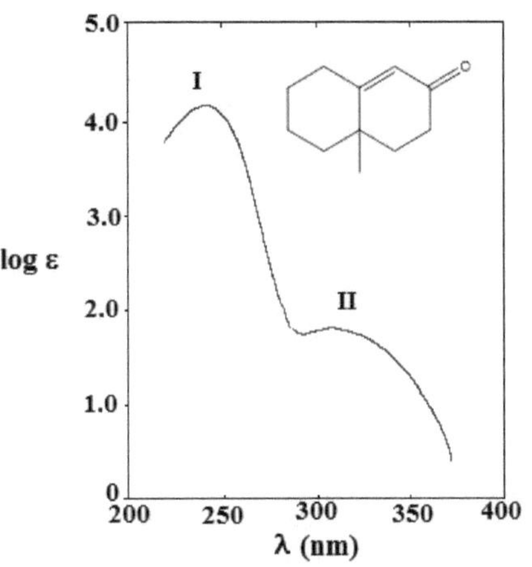

•λ_{max}B anda I: =245 nm, ε log = 4,12, ε_{max}^{-1}=   13300   L.mol .cm^{-1}

•λ_{max}B anda II: =310 nm, ε log = 1,8, ε_{max}^{-1}= 63,1 L.mol .cm^{-1}

2- Atribuição das bandas I e II a cada transição.

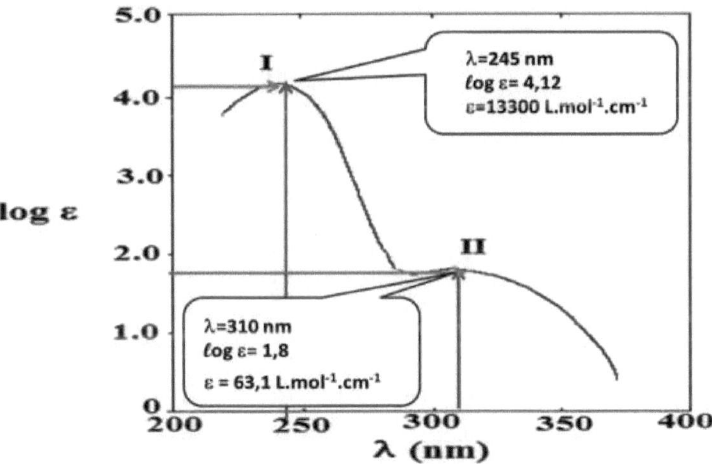

• Banda I: ε_{max}^{-1-1}= 13300 L.mol .cm > 1000

$\pi \rightarrow \pi$Transição *   ⟶   Cromóforo C=C

• Banda II: ε_{max}^{-1-1}= 63,1 L.mol .cm < 100

$\rightarrow \pi$ Transição n * $\longrightarrow$ Cromóforo C=O

3- O efeito da utilização de hexano como solvente em vez de etanol na posição de cada banda.

• $\pi \rightarrow \pi$ T ransição *

π Ao passar do etanol (solvente polar) para o hexano (solvente apolar) (a polaridade diminui), a energia do estado excitado *aumenta

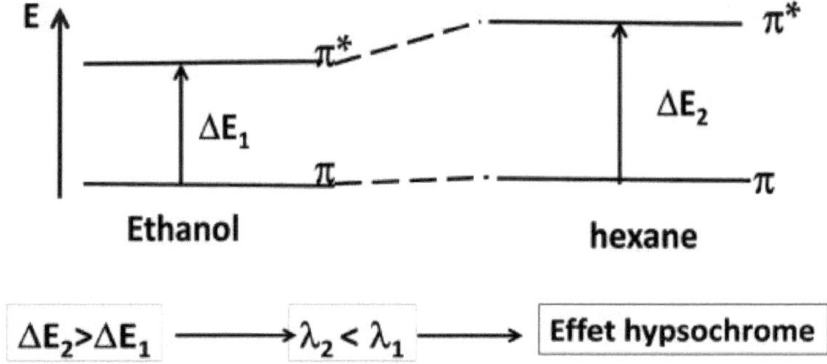

$\Delta E_2 > \Delta E_1 \longrightarrow \lambda_2 < \lambda_1 \longrightarrow$ **Effet hypsochrome**

• $\rightarrow \pi$ C aso de transição n *

O estado é estabilizado sob o efeito do solvente polar pela formação de ligações de hidrogénio.

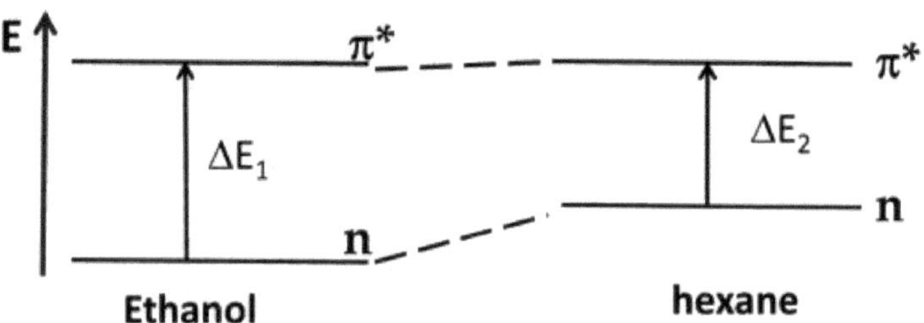

Ao passar do etanol (solvente polar) para o hexano (solvente apolar) (a polaridade diminui), a energia do estado fundamental n aumenta.

$$\Delta E_2 < \Delta E_1 \longrightarrow \lambda_2 > \lambda_1 \longrightarrow \boxed{\textbf{Effet Bathochrome}}$$

Exercício 13:

[135-1]No caso da molécula H - Cl, observa-se uma banda a 2990 cm devido à vibração fundamental (v = 0 $\rightarrow$ v = 1).

1.a- Calcular o valor da constante de força no caso de um oscilador harmónico.

[135]A molécula H - Cl é considerada como um oscilador harmónico. Podemos então escrever:

$$\overline{v}_{HCl} = \frac{1}{2\pi c}\sqrt{\frac{k_{HCl}}{\mu_{HCl}}}$$

com

$$\mu_{HCl} = \frac{m_H \times m_{Cl}}{m_{Cl} + m_H}$$

No sistema C.G.S. :

$\overline{v}$ número de onda em cm^{-1}

[-1]c: celeridade em cm.s

k: constante de força da ligação em dyn.cm^{-1}

μ: massa reduzida em gramas

[H Cl]m e m : massas em gramas dos átomos de H e Cl, respetivamente

Assim, a constante de força

$$\boxed{k_{HCl} = 4\,\pi^2 c^2 \overline{v}^2\,\mu_{HCl}}$$

Cálculo da massa reduzida

$$\frac{1}{\mu_{HCl}} = \frac{1}{m_H} + \frac{1}{m_{Cl}} \rightarrow \mu_{HCl} = \frac{m_H \times m_{Cl}}{m_{Cl} + m_H} \quad avec\; m_H = \frac{M_H}{\mathcal{N}}\; et\; m_{Cl} = \frac{M_{Cl}}{\mathcal{N}}$$

$$\rightarrow \mu_{HCl} = \frac{M_H \times M_{Cl}}{\mathcal{N}(M_{Cl} + M_H)} \qquad \rightarrow \mu_{HCl} = \frac{1 \times 35}{6,02.10^{23}\,(1+35)} = \frac{35}{216,72.10^{23}}$$

$$\boxed{\mu_{HCl} = 0,161498.10^{-23}\ g}$$

[HCl]Cálculo da constante de força k

$$k_{HCl} = 4\,\pi^2 c^2 \bar{v}^2\, \mu_{HCl}$$

$$\rightarrow k_{HCl} = 4 \times (3.14)^2 \times (3.10^{10})^2 \times (2990)^2 \times 0,161498.10^{-23}$$

$$\boxed{k_{HCl} = 0,512.10^6\ g.s^{-2}}$$

No sistema C.G.S., o dine :

$$g.\,s^{-2}.\,\mathbf{cm} \rightarrow k_{HCl} = 5,12.10^5\ \text{dyne}.\,cm^{-1}$$

No sistema internacional SI, a força é expressa em N, sendo

$$1\ N = Kg.\ m.\ s^{-2} = 10^3\ g.\ 10^2$$

$$cm.\ s^{-2} = 10^5\ g.cm.\ s^{-2} = 10^5\ \text{dyne}$$

Daí que

$$k_{HCl} = 5,12.10^5\ \text{dyne}.\,cm^{-1} \rightarrow \boxed{k_{HCl} = 5,12\ N.\,cm^{-1} \rightarrow k_{HCl} = 5,12.10^2\ N.\,m^{-1}}$$

[235]1.b- Cálculo do número de onda absorvido por D - Cl .

$$\bar{v}_{DCl} = \frac{1}{2\pi c}\sqrt{\frac{k_{DCl}}{\mu_{DCl}}} \qquad \text{avec} \qquad \mu_{DCl} = \frac{m_D \times m_{Cl}}{m_{Cl}+m_D}$$

et on suppose que $k_{DCl} = k_{HCl} = 5,12.10^5 dyne.cm^{-1}$

$$\mu_{DCl} = \frac{70}{6,02 \cdot 10^{23} \times 37} = 0,314.10^{-23}\ g$$

$$\mu_{DCl} = 0,314.10^{-23}\ g$$

$$\bar{v}_{DCl} = \frac{1}{2\times3,14\times3.10^{10}}\sqrt{\frac{5,12.10^5}{0,314.10^{-23}}}$$

$$\bar{v}_{DCl} = 0,2139.10^4 \cong 0,214.10^4\ cm^{-1}$$

$$\rightarrow \boxed{\bar{v}_{DCl} = 2140\ cm^{-1} \quad \bar{v}_{HCl} = \sqrt{2}\ \bar{v}_{DCl}}$$

$\bar{v}$ Quando H é substituído por D, é deslocado para números de onda mais baixos à medida que μ aumenta.

[121612162]- Comparar a rigidez das ligações C= O e C- O.

Para C=O

$$v(c = o) = \frac{1}{2\pi}\sqrt{k(c = o)/\mu}$$

$$v^2(c = o) = \frac{1}{4\pi^2} k(c = o)/\mu$$

-Para C O

$$v(c - o) = \frac{1}{2\pi}\sqrt{k(c - o)/\mu}$$

$$v^2(c - o) = \frac{1}{4\pi^2} k(c - o)/\mu$$

$$\frac{v^2(c = o)}{v^2(c - o)} = \frac{k(c = o)}{k(c - o)}$$

Ouro $v(c = o) > v(c - o)$

Assim $k(c = o) > k(c - o)$

$$\mu(c = o) = \frac{12x16}{12+16} = 6{,}86\,\frac{g}{mol}\,,$$

$$\mu(c = o) = \frac{6{,}86}{mol}x\frac{1mol}{6{,}022\,.10^{23}}x\frac{1kg}{1000g} = 11{,}4\,.\,10^{-27}kg = \mu(c - o)$$

$$v^2(c = o) = \frac{1}{4\pi^2} k(c = o)/\mu \Leftrightarrow k(c = o) = 4\pi^2\mu v^2(c = o)$$

$$v = c/\lambda \qquad e \qquad v = c.\,\sigma$$

$$v^8(c{=}o) = 3{,}10 \text{ m/s } /(\frac{1cm}{1715}x\frac{1m}{100cm})^{13} = 5{,}145\ 10\ Hz$$

$$k(c = o) = 1191{,}3\,kg.\,Hz^2$$

$$k(c = o) = 1191{,}3\,kg/S^2$$

$$k(c = o) = 1191{,}3\,N/m$$

$$v^8(c{-}o) = 3{,}10 \text{ m/s } / (\frac{1cm}{1050}x\frac{1m}{100cm})^{13} = 3{,}15\ 10\ Hz$$

$$k(c - o) = 446{,}6\,N/m$$

Assim $k(c = o) > k(c - o)$

Exercício 14:

Utilizando a lei de Hooke (para o vibrador harmónico), justifique a ordem crescente dos números de onda vibracionais da ligação C-X para X= Br, F, Cl. Assuma que as constantes de força têm o mesmo valor.

A ligação C-X é considerada como um oscilador harmónico. Podemos então escrever :

A grandeza prática em espetroscopia vibracional é o número de onda.

$$\overline{v}\,[cm^{-1}] = \frac{1}{2\pi c}\sqrt{\frac{k}{\mu}}$$

No sistema C.G.S. : $\overline{v}$ -1-1: número de onda em cm ;   c : celeridade em cm.s

-1k: constante de força da ligação em dyn.cm ; μ : massa reduzida em gramas

$\overline{v}$ depende: - da massa reduzida μ do sistema A-B (frequência de vibração inversamente proporcional a μ)

- a constante de força da ligação

Ligação	2m (g)	$\overline{v}$ -1(cm)	μ (g)	
C-H	1	3300	0,923	
C-C	12	1200	6,000	
C-O	16	1100	6,857	
C-Cl	35,5	800	8,968	
C-Br	80	550	10,43	
C-I	127	500	10,96	

À medida que a massa reduzida μ aumenta, o número de onda vibracional da ligação C-X para X= Br, Cl e F diminui.

Frequência de vibração inversamente proporcional a μ:

Exercício 15:

A espetroscopia de IV é ideal para confirmar a presença de grupos funcionais. Que a reação seja :

▶ Vibrações caraterísticas da molécula de hexeno:

Groupements	vibrations	Nombre d'onde (cm⁻¹)
C=C (alcène)	$\nu_{C=C}$	1645
CH=CH₂ (vinyle)	$\nu_{=CH}$	3095-3075 3040-3010
	$\gamma_{=CH}$	995-985 915-905

▶ Vibrações caraterísticas da molécula de 1-Hexanol:

Groupements	vibrations	Nombre d'onde (cm⁻¹)
OH (alcool)	ν_{O-Hass}	(3400-3200) Bande large
C-O (alcool primaire)	ν_{C-O}	(1085-1050) Forte

$_{=CHC=C=CHOHC-O}$Conclui-se por espetroscopia de IV que a formação do álcool ocorreu se as bandas devidas a ν , ν e γ do grupo vinílico desaparecerem e as bandas devidas a ν e ν do grupo OH do álcool aparecerem.

Exercício 16:

$^{-1}$1- O espetro de IV da acetona A mostra uma forte absorção a 1715 cm.

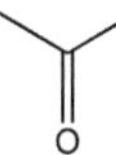

$^{-1}{}_{C=O}$A forte absorção a 1715 cm corresponde à vibração de valência do grupo carbonilo C=O (ν) da molécula de acetona.

$^{-1}$2- O número de onda associado à mesma vibração na molécula B é igual a 1670 cm .

$_{C=O}$A diminuição do número de onda da vibração de valência ν da molécula B deve-se à conjugação de C=O com C=C.

Exercício 17:

Utilizando as tabelas, é fácil identificar os compostos com base principalmente nos seus grupos funcionais:

$_{sp}{}^{-1}{}_{sp\ sp}{}^{-1}$Espectro 1: hex1-ino ($\bar{\nu}$ ($\equiv$ C -H) = 3310 cm , $\bar{\nu}$ (C $\equiv$ C) = 2119 cm).

$_{spsp}{}^{-1}$Note-se a banda fraca de alongamento C $\equiv$C a 2110 cm. Nem sempre é visível, especialmente no caso de alcinos dissubstituídos.

$_{sp}$$^{-1}$Em contraste, a banda de alongamento $\equiv C$-H dos alcinos monossubstituídos é sempre intensa e surge aqui a 3268 cm.

$_{sp}$$^{-1-1}$Menos importante de salientar é a banda de deformação do $\equiv C$-H acetilénico (630 cm), bem como o seu primeiro harmónico (1247 cm).

$^{-1}$Espectro 2: fenilmetanol ($\bar{\upsilon}$ (OH) = 3330 cm)

$^{-1}$Para uma molécula diluída num solvente apolar aprótico, ou seja, quando não existem ligações H, a frequência situa-se entre 3600 e 3584 cm.

$^{-1}$No entanto, para o álcool benzílico puro, com muitas ligações H fortes, esta frequência desce para 3300 cm.

$_{O-H}$$^{-1}$$_{C-O}$$\square$ a 1208 cm e υ a 1017 cm^{-1}

$_{C-HC-HC-H}$Deixemos de lado as tiras já estudadas (υ , δ , γ $\square$.

$_{CAr-H}$$^{-1}$$_{O-H}$$^{-1}$$_{CAr-O}$ $^{-1}$$_{CAr-CAr}$$^{-1}$Hipsocromo para υ (3045 cm), δ (1360 cm) e υ (1223 cm), e batocromo para υ (1580 cm). $_{CAr-H}$$^{-1}$As duas bandas γ $\square$pour monosubstituição encontram-se a 685 e 745 cm (G e H).

$^{-1}$Espectro 3: pentan-2-ona ($\bar{\upsilon}$ (C=O) = 1717 cm)

$^{-1}$Todos os compostos orgânicos que contêm um grupo carbonilo C=O têm uma absorção carateristicamente intensa em cerca de 1700 cm: esta é a banda mais intensa e mais nítida num espetro de IV.

O valor da absorção C=O depende do estado físico (sólido, líquido, vapor, solução), dos efeitos dos grupos vizinhos, da conjugação e de eventuais ligações H.

$^{-1}$Uma cetona alifática absorve a cerca de 1715 cm.

$^{-1-1}$Nos dois espectros de cetonas propostos, encontramos as cetonas a 1725 cm (não conjugadas) e 1683 cm (conjugadas), respetivamente.

$^{-1}$ $^{-1}$Note-se a existência de uma banda fraca de alongamento C-CO-C a 1172 cm para o primeiro composto, e uma banda mais forte a 1255 cm para a cetona aromática.

Exercício 18:

Explique por que razão o brometo de hidrogénio é ativo no IR e o bromo é inativo no IR.

Nem todos os movimentos vibratórios estão activos nos infravermelhos.

É importante notar, no entanto, que uma ligação com um momento de dipolo nulo não produzirá um sinal na espetroscopia de infravermelhos.

Por exemplo, o dibromo Br-Br não será ativo, uma vez que o seu momento de dipolo é zero devido à simetria da molécula, pelo que não terá quaisquer bandas de infravermelhos activas.

Por outro lado, o brometo de hidrogénio Br-H apresentará um sinal devido à ligação Br-H, sendo o seu momento de dipolo diferente de zero.

Exercício 19:

As figuras A e B mostram extractos dos espectros de infravermelhos dos compostos **1** e **2**, respetivamente. ₄O espetro do composto **1** foi obtido a partir de uma película de 1 puro no estado líquido, enquanto o do composto **2** foi obtido a partir de uma solução diluída de **2** em tetraclorometano (CCl).

Interprete e atribua os seguintes espectros de IV aos compostos abaixo. Justifique a sua resposta indicando nos espectros a atribuição das bandas de absorção no IV, designadas por a, c, d, g, i e j, caraterísticas das ligações presentes nas moléculas de **1** e **2**.

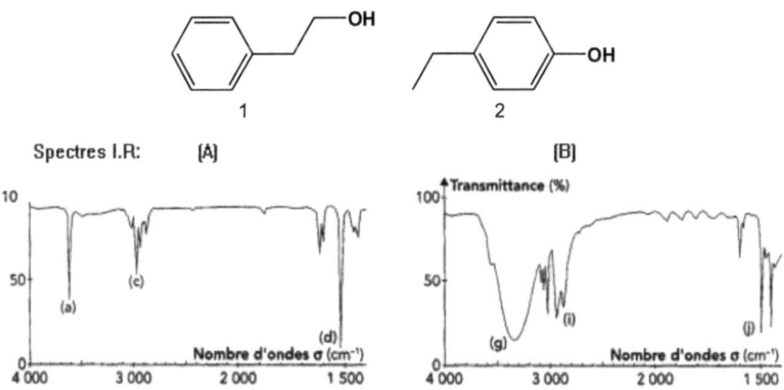

₄⁻¹O espetro do composto **2** foi obtido a partir de uma solução diluída de **2** em tetraclorometano (CCl): a banda larga desaparece e aparece uma banda fina, na zona 3590-3650 cm: ᵥOH livre que corresponde ao espetro (A).

⁻¹⁻¹OHO espetro do composto 1 foi obtido a partir de uma película de **1** puro no estado líquido: banda larga entre 3200 cm e 3400 cm e OH associado por ligações de hidrogénio ν associado que corresponde ao espetro (B).

♣ <u>Espectro (A): corresponde ao composto **2**;</u>

$^{-1}$(a): a banda fina de 3600 cm corresponde ao OH livre

$^{-1}$ (c): a banda fina de 3000 cm corresponde a CH

$^{-1}$ (d): a banda fina de 1520 cm corresponde ao C=C aromático

♣ Espectro (B): corresponde ao composto **1**;

$^{-1}$(g): a banda larga de 3600 cm corresponde a OH associados por ligações de hidrogénio

$^{-1}$ (i): a banda fina de 2950 cm corresponde a CH

$^{-1}$ (j): a banda fina de 1500 cm corresponde ao C=C aromático

Exercício 20:

Atribuir a cada espetro (1 a 3) o composto correspondente (justificar a resposta através da análise dos limites caraterísticos).

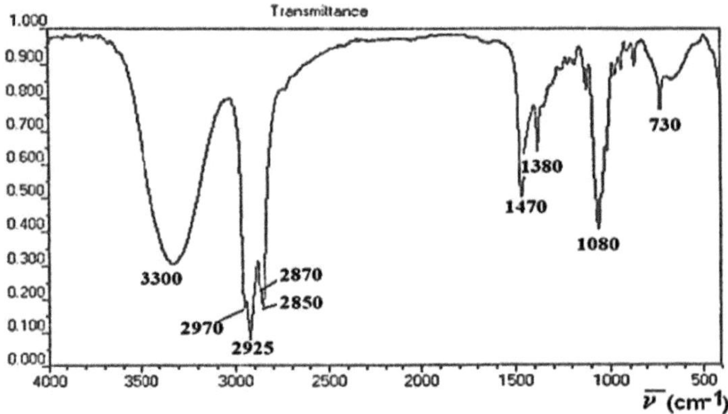

Espectro 1

Região: 4000 -2000 cm^{-1}

Número de ondas cm^{-1}	Intensidade	Atribuição
3300	F, largo	O–H υ Ασσοχι

2970		υ^a_{CH3}
2925	TF	υ^a_{CH2}
2870		υ^a_{CH3}
2850	F	υ^a_{CH2}

Região 2000 - 400 cm⁻¹

Número de ondas cm⁻¹	Intensidade	Atribuição
1470	F	$^a_{CH3}, \delta\ \delta_{CH2}$
1380	M	δ^s_{CH3}
1080	F	$_{C-O}$ □ Álcool primário
730	m	$_{CH2\ :2}\rho$ (XH □n> 4

Fórmula:

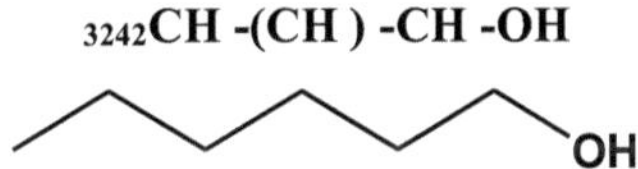

$$_{3242}CH\text{ -}(CH)\text{ -}CH\text{ -}OH$$

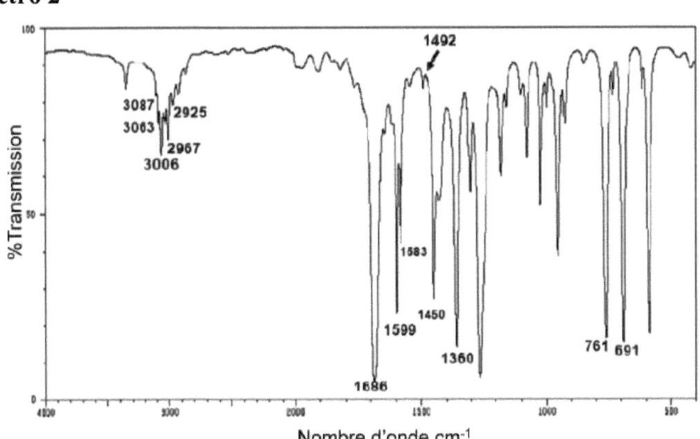

Espectro 2

Região 4000-2000 cm⁻¹

137

Nombres d'onde cm^{-1}	Intensité	Attribution
3087, 3063, 3006	variables	$\nu_{=CH\ aromatique}$
2967	TF	ν^a_{CH3}
2925	TF	ν^s_{CH3}

Região 2000 - 400 cm^{-1}

Nombres d'onde cm^{-1}	Intensité	Attribution
1686	TF	$\nu_{C=O\ conjuguée}$
1599, 1583, 1492, 1450	variables	$\nu_{C\ =C\ aromatique}$
1430	F	δ^a_{CH3}
1360	F	δ^s_{CH3}
761	TF	$\gamma_{=CH\ aromatique}$
691	TF	

As duas bandas fortes a 761 e 691 cm^{-1} indicam a presença de um anel aromático monossubstituído.

Fórmula:

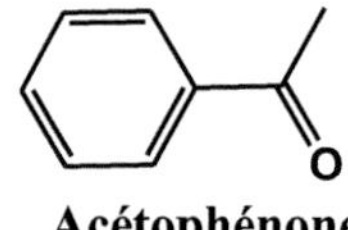

Acétophénone

Espectro 3

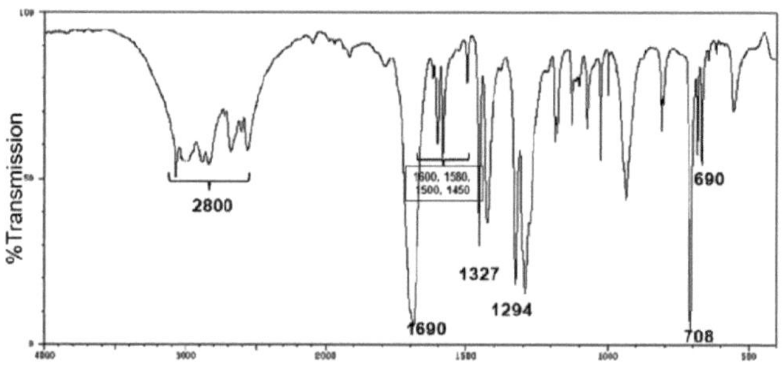

Região 4000-2000 cm^{-1}

$^{-1}$Faixa forte, larga e estruturada entre 3400 e 2400 cm, centrada em torno de 2800 cm

$_{CH}$$^{-1}$Para as vibrações ν aromáticas entre 3080 e 3030 cm , estas são mascaradas pela banda forte e larga.

Região 2000 - 400 cm^{-1}

Nombres d'onde cm^{-1}	Intensité	Attribution
1690	TF	$\nu_{C=O\ conjuguée}$
1600, 1580, 1500, 1450	variables	$\nu_{C=C\ aromatique}$
1327	M	δ_{OH}
1294	F	ν_{C-O}
708	TF	$\gamma_{=CH\ aromatique}$
690	M	

$^{-1}$Duas bandas fortes a 708 cm e 690 cm 5H adjacentes a um anel aromático monosubstituído.

Exercício 21:

Atribua o composto correspondente a cada espetro (justifique a sua resposta analisando os limites caraterísticos).

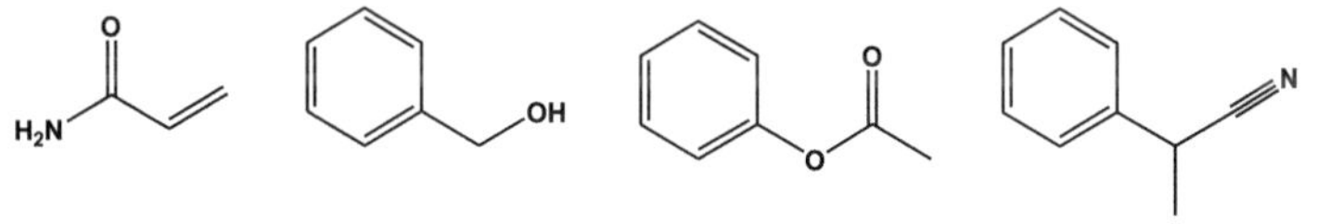

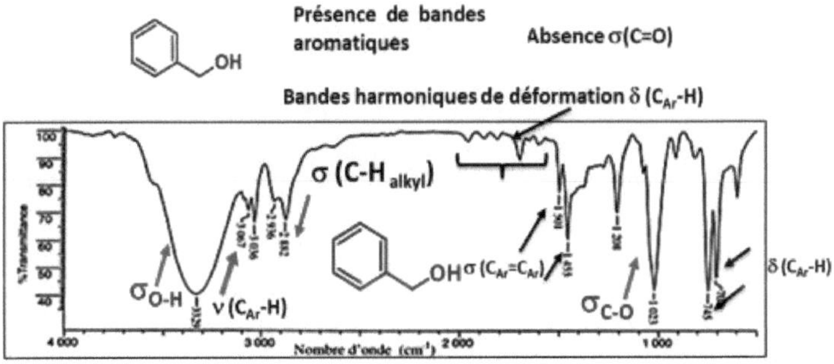

Présence d'une bande σ(C=C) à 1617 cm-1

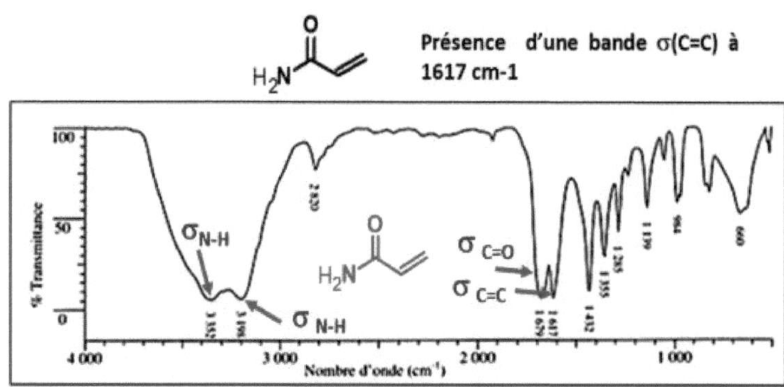

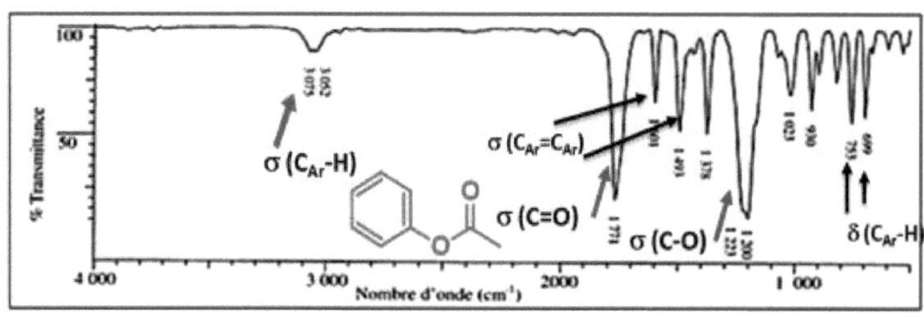

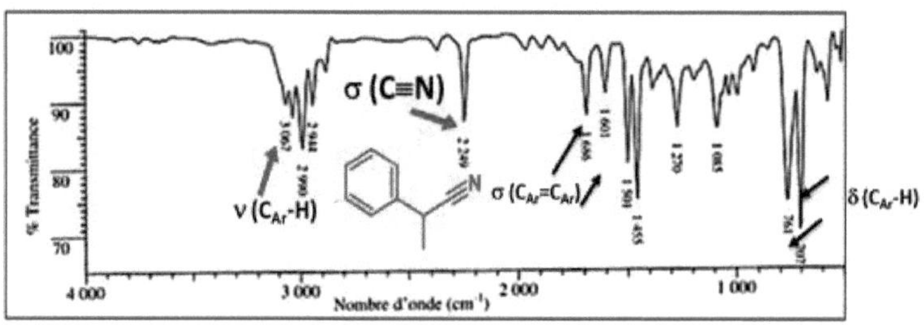

Referências

1. W.S. Lau, *Infrared characterization for microelectronics*, World Scientific, 1999.

2. P. Hamm, M. H. Lim, R. M. Hochstrasser, "Structure of the amide I band of peptides measured by femtosecond nonlinear-infrared spectroscopy", *J. Phys. Chem. B*, vol. 102, 1998, p. 6123 (DOI 10.1021/jp9813286).

3. S. Mukamel, "Multidimensional Fentosecond Correlation Spectroscopies of Electronic and Vibrational Excitations", *Annual Review of Physics and Chemistry*, vol. 51, 2000, p. 691 (DOI 10.1146/annurev.physchem.51.1.691)

4. N. Demirdöven, C. M. Cheatum, H. S. Chung, M. Khalil, J. Knoester, A. Tokmakoff, "Two-dimensional infrared spectroscopy of antiparallel beta-sheet secondary structure", *Journal of the American Chemical Society*, vol. 126, 2004, p. 7981 (DOI 10.1021/ja049811j)

5. Bee, K. B., Grabska, J., & Huck, C. W. (2020). Princípios físicos da espetroscopia de infravermelho. Comprehensive Analytical Chemistry. doi: 10.1016/bs.coac. 2020.08.001.

Blinder, S. M. (2004). Espectroscopia molecular. Introduction to Quantum Mechanics, 217-241. doi:10.1016/b978-0-12-106051-0.50020-x

6. Dagdigian, P. J. (2014). Fundamentos da espetroscopia ótica. Laser Spectroscopy for Sensing, 3-33. doi:10.1533/9780857098733.1.3

7. Dutta, A. (2017). Espectroscopia de infravermelho com transformada de Fourier. Métodos Espectroscópicos para Caracterização de Nanomateriais, 73-93. doi:10.1016/b978-0-323-46140- 5.00004-2

8. Harris, D. C. (2011). Quantitative chemical analysis (Análise química quantitativa). Nova Iorque, NY: W.H. Freeman and Co.

9. Owen, A., J. UV-Visible Spectroscopy: Uses of Derivative Spectroscopy. Agilent Technologies.

10. Manual do utilizador UviLine 9100 - 9400, Ref. 0M8626. SECOMAM, uma empresa NOVA ANALYTICS. ALES FRANÇA.

11. Livro de exercícios. Fundamentos da espetroscopia UV-visível. Agilent Technologies 2000.

12. Rouessac, F. Rouessac. A. Cruché, D. (2004). Analyse chimique - 6e édition: Méthodes et techniques instrumentales modernes. Édition DUNOD.

13. Rouessac, F. Rouessac. A. Cruché, D. Martel, A. (2019). Análise química - 9ª edição: Métodos e técnicas instrumentais. Édition DUNOD

14. Rouessac, F. Rouessac. A. (2021). L'essentiel de techniques instrumentales d'analyse chimique. Édition DUNOD

15. Bernard, A.-S. Clède, S. Émond, M. Monin-Soyer, H. Quérard, J. (2012). Techniques expérimentales en CHIMIE. Édition DUNOD

16. Bernard, A.-S. Clède, S. Émond, M. Monin-Soyer, H. Quérard, J. (2018). Techniques expérimentales en chimie - Classes prépas et concours - 3e édition. Edição DUNOD

17. Bernard, A.-S. Clède, S. Émond, M. Monin-Soyer, H. Quérard, J. (2023). Techniques expérimentales en chimie - Classes prépas et concours - 4e édition. Edição DUNOD

18. House, J. E. (2018). Rotação molecular e espetroscopia. Fundamentos da Mecânica Quântica, 137-158. doi: 10.1016 / b978-0-12-809242-2.00007-3

19. House, J. E. (2018). Espectroscopia molecular. Fundamentos de Mecharucs Quânticos, 271-296. doi:10.1016/b978-0-12-809242-2.00011-5

20. Katle, B. P. (2020). Espectroscopia de infravermelhos (IR). Análise Química e Caracterização de Materiais por Espectrofotometria, 199-243. doi:10.1016/b978-0-12-814866- 2.00007-5

21. Kenouche S. (2016-2017), DEPARTAMENTO DE CIÊNCIAS DOS MATERIAIS, Universidade M. Khider de Biskra, Espectrometria ótica: teoria e experiência. Apostila do curso

22. CHIGR M., (2019-2020), Escola Superior de Tecnologia Fkih Ben Salah Universidade Sultan Moulay Slimane, Métodos espectroscópicos. Apostila do curso

23. M.Hamon, F.Pellerin, M.Guernet, G.Mahuzier. (1998) Chimie analytique Tome 3 Méthodes spectrales et analyse organique. Masson.

24. Ni, L., Geng, X., Li, S., Ning, H., Gao, Y., & Guan, Y. (2019). Um detetor fotométrico de chama com um conjunto de fotodiodo de silício para deteção de enxofre. Talanta, 120283. doi:10.1016/j.talanta.2019.120283

25. Ouellette, R. J., & Rawn, J. D. (2018). Espectroscopia UV-Visível e Infravermelho. Química Orgânica, 409-425. doi:10.1016/b978-0-12-812838-1.50014-1

26. Poole, C. F. (2016). Detectores. Módulo de Referência em Química, Ciências Moleculares e Engenharia Química. doi:10.1016/b978-0-12-409547-2.1 1719-6

27. Smith, B. C. (2002). Fundamentals of Molecular Absorption Spectroscopy (Fundamentos da espetroscopia de absorção molecular). Quantitative Spectroscopy: Theory and Practice, 1-41. doi:10.1016/b978- 012650358-6/50002-6

28. Stephanos, J. J., & Addison, A. W. (2017). Espectroscopia rotacional vibracional. Electrões, Átomos e Moléculas em Química Inorgânica, 505-584. doi:10.1016/b978-0-12-811048-5.00009-2

29. GUENNOUN, L. EL HAJJI, A. (2020-2021), FACULDADE DE CIÊNCIAS, UNIVERSIDADE MOHAMMED V, Técnicas Espectroscópicas de Análise (SMC5). Apostila do curso

30. Dr. BELAID Kumar, Faculdade de Tecnologia, Université Djillali LIABES Sidi-Bel-Abbes, (2020-2021), Técnicas analíticas (LGP5). Apostila do curso

31. Silverstein, R. M. Webster, F. X. (1997). Spectrometric Identification of Organic Compounds, 6th Edition Wiley,

32. Silverstein, R. M. Webster, F. X. Kiemle, D. J. (2005). [eme] Spectrometric identification of organic compounds, 2 Edition de Boeck,

33. Silverstein, R. M. Webster, F. X. Kiemle, D. J. (2005). Spectrometric Identification of Organic Compounds, 7th Edition Wiley,

34. Silverstein, R. M. Webster, F. X. Kiemle, D. J. Bryce, D. L. (2014). [th]Identificação Espectrométrica de Compostos Orgânicos, 8 Edição Wiley,

35. [th]Barnes, J.D. Denney, R.C. Mendham, J. Thomas, M.J.K. 6 Edição (Inglês). Tradutor: Mottet, M. Toullec. J. (2005). [ere] Análise química quantitativa de Vogel, 1 Edição de Boeck

36. Harvey, D. (2000), Química Analítica Moderna, - 1ª ed, The McGraw-Hill Companies

Printed by Books on Demand GmbH, Norderstedt / Germany